观测自动化对地面资料连续性影响分析技术及应用

曹丽娟 主编

内容简介

本书主要介绍了因观测自动化、观测设备升级、观测方法改变等观测业务调整对多时间尺度地面历史观测资料序列连续性影响的分析技术，自动观测和人工观测资料对比分析技术，结合平行观测资料和元数据信息的观测自动化对地面资料均一化影响的检验与订正技术等。全书共分为5章：第1章绪论，第2章相对湿度自动观测与人工观测对比分析，第3章能见度自动观测与人工观测对比分析，第4章能见度自动观测对雾、霾、沙尘天气现象的影响分析，第5章地面自动化观测资料均一化订正技术优化及应用。本书可作为气候数据对比分析、资料均一化处理指导用书，也可作为从事气候与气候变化等相关业务科技工作的技术人员和管理人员的工作参考书。

图书在版编目（CIP）数据

观测自动化对地面资料连续性影响分析技术及应用 / 曹丽娟主编. -- 北京：气象出版社，2023.7
 ISBN 978-7-5029-7874-7

Ⅰ. ①观… Ⅱ. ①曹… Ⅲ. ①地面观测－气象观测－自动化技术－研究 Ⅳ. ①P412.1

中国版本图书馆CIP数据核字(2022)第235392号

Guance Zidonghua dui Dimian Ziliao Lianxuxing Yingxiang Fenxi Jishu ji Yingyong
观测自动化对地面资料连续性影响分析技术及应用

曹丽娟　主编

出版发行：气象出版社	
地　　址：北京市海淀区中关村南大街46号	邮政编码：100081
电　　话：010-68407112（总编室）　010-68408042（发行部）	
网　　址：http://www.qxcbs.com	E-mail：qxcbs@cma.gov.cn
责任编辑：颜娇珑　熊廷南	终　　审：张　斌
责任校对：张硕杰	责任技编：赵相宁
封面设计：博雅锦	
印　　刷：北京建宏印刷有限公司	
开　　本：787 mm×1092 mm　1/16	印　　张：6.75
字　　数：107千字	
版　　次：2023年7月第1版	印　　次：2023年7月第1次印刷
定　　价：78.00元	

本书如存在文字不清、漏印以及缺页、倒页、脱页等，请与本社发行部联系调换。

编委会

主　编：曹丽娟

副主编：李肖霞　朱亚妮　余　予　许　艳

编　委（按姓氏拼音排序）：

　　　　贺双颜　李　凤　茆佳佳　商梦娇　施丽娟

　　　　余　君　张志龙　赵晓莉　郑丽英

前　言

在气候变化研究中,连续均一的长序列资料是开展研究的基础,有益于真实可靠地评估历史气候趋势和变率,尤其是对于气候态和极端事件的研究非常重要。然而台站观测的长序列气候数据记录不可避免地存在由于观测仪器改变、观测方式改变、台站迁移等非气候因素造成的不连续点。我国有 2400 余个国家级地面气象站、7 万余个区域自动气象站,已实现常规气象要素的自动观测。其中地面气象观测的云量、云高、能见度和主要天气现象等要素自 2014 年起逐步实现自动化,观测准确度达到世界气象组织(WMO)业务要求。由于资料均一化技术的快速发展和台站元数据信息的不断完备,将均一化研究技术应用于观测自动化等因素引起的资料不连续性分析工作,开展资料均一性分析及校正研究,用于指导观测站网及业务调整并保证资料的连续性显得尤为重要。

本书主要内容包括因观测自动化、观测设备升级、观测方法改变等观测业务调整对多时间尺度地面历史观测资料序列连续性影响分析技术,自动观测和人工观测资料对比分析技术,结合平行观测资料和元数据信息的观测自动化对地面资料均一化影响的检验与订正技术介绍。本书共分 5 章:第 1 章绪论,第 2 章相对湿度自动观测与人工观测对比分析,第 3 章能见度自动观测与人工观测对比分析,第 4 章能见度自动观测对雾、霾、沙尘天气现象的影响分析,第 5 章地面自动化观测资料均一化订正技术优化及应用。

全书由曹丽娟组织编写和统稿,第 1 章、第 2 章和第 3 章由李肖霞、朱亚妮、余予和许艳负责统稿,茆佳佳、贺双颜、张志龙、郑丽英、施丽娟、李凤、余君、赵晓莉等参与编写,第 4 章由余予和许艳统稿和编写,第 5 章由朱亚妮负责统稿和编写,商梦娇参与全书校稿。本书编著过程中,得到了编者所在单位国家气象信息中心的大力支持。中国气象局综合观测司王建凯副司长,中科院大气物理研究所严中伟教授和李珍副研究员,国家气象信息中心周自江、唐国利研究员等专家给予较多技术指导。

  本书可作为气候数据对比分析、资料均一化处理指导用书,也可作为从事气候与气候变化等相关业务科技工作的技术人员和管理人员的工作参考书。

2023 年 6 月

目 录

第 1 章 绪论 ··· 01

第 2 章 相对湿度自动观测与人工观测对比分析 ·············· 03
  2.1 基于 8 个国家基准气候站相对湿度数据的对比分析 ········· 03
    2.1.1 数据及方法 ·· 03
    2.1.2 时序及差值分析 ···································· 06
    2.1.3 气温高于 0 ℃ 数据分析 ···························· 09
    2.1.4 气温低于 0 ℃ 数据分析 ···························· 15
    2.1.5 季节变化与年变化研究 ······························ 18
    2.1.6 结论与原因分析 ···································· 20
  2.2 基于 2400 多个国家气象站相对湿度数据的对比分析 ········ 22
    2.2.1 台站与数据 ·· 22
    2.2.2 数据处理与评估方法 ································ 24
    2.2.3 对比评估结果 ······································ 26

第 3 章 能见度自动观测与人工观测对比分析 ················ 35
  3.1 基于 8 个国家基准气候站能见度数据的对比分析 ··········· 35
    3.1.1 数据及方法 ·· 35
    3.1.2 自动观测和人工观测能见度资料质量分析 ············ 37

3.1.3　自动观测和人工观测能见度数据对比差值分析 …… 39
　　　3.1.4　结论与原因分析 ………………………………………… 49
　3.2　基于2400多个国家气象站能见度数据的对比分析 ………… 51
　　　3.2.1　台站与数据 ……………………………………………… 51
　　　3.2.2　数据处理与评估方法 …………………………………… 52
　　　3.2.3　对比评估结果 …………………………………………… 53

第4章　能见度自动观测对雾、霾、沙尘天气现象的影响分析 ………… 59
　4.1　对雾、霾天气现象的影响分析 ………………………………… 59
　　　4.1.1　2014年全国雾、霾日数分布 …………………………… 59
　　　4.1.2　能见度自动观测对雾、霾数据的影响 ………………… 66
　　　4.1.3　小结 ……………………………………………………… 70
　4.2　对沙尘天气现象的影响分析 …………………………………… 70
　　　4.2.1　2014年全国沙尘日数分布 ……………………………… 70
　　　4.2.2　2014年沙尘日数与近15 a数据对比 …………………… 72
　　　4.2.3　能见度自动观测对沙尘数据的影响 …………………… 73
　　　4.2.4　小结 ……………………………………………………… 76

第5章　地面自动化观测资料均一化订正技术优化及应用 …………… 77
　5.1　数据及方法 ……………………………………………………… 77
　　　5.1.1　相对湿度资料及预处理 ………………………………… 77
　　　5.1.2　元数据分析 ……………………………………………… 78
　5.2　均一检验与订正方法 …………………………………………… 79
　　　5.2.1　参考序列构建 …………………………………………… 79
　　　5.2.2　结果分析 ………………………………………………… 81
　　　5.2.3　小结 ……………………………………………………… 86
　5.3　平行观测资料在序列均一化分析的应用 ……………………… 86

  5.3.1 观测自动化对中国地面相对湿度序列均一性的影响 …… 87
  5.3.2 平行观测资料准确性对自动观测和人工观测差异
     评估和订正结果的影响 ……………………………………… 89
  5.3.3 不同观测时次对评估结果的影响 ………………………… 94
  5.3.4 小结 …………………………………………………………… 97

参考文献 ………………………………………………………………… **98**

第1章 绪　　论

　　基于气象观测、探测等获取的具有代表性、准确性的观测数据在政治、经济、农业等各种突发事件的快速决策中提供了可靠的天气和气候信息,发挥着重要作用。根据中国气象局的统一部署,自 2014 年 1 月 1 日起全面开展地面气象观测业务调整工作,优化国家级地面气象站观测任务,取消 13 种天气现象观测,调减人工观测时次,取消夜间观测。该调整使得云、能见度、天气现象等多个气象要素观测项目及观测时次发生变化,同时人工观测仪器转为自动观测仪器必然会造成观测资料序列的不连续。

　　高质量的数据是业务和科研工作的基础,问题资料可能导致错误的科学结论;观测自动化对相对湿度和能见度资料非均一性影响的定量评估对开展公众关注的雾、霾等视障类天气现象的研究有重要参考意义。针对 2014 年这次全国观测系统业务调整(观测设备升级、观测方法改变),聚焦观测自动化对相对湿度、能见度及视障类天气现象等资料连续性的影响分析及均一化技术的优化研究,深入开展了多时间尺度历史观测资料序列的连续性分析,研发了业务观测设备升级、观测方法改进等对地面相对湿度、能见度等资料连续性影响的评估指标以及基于台站平行观测资料的均一性分析订正技术。通过开展人工观测和自动观测资料对比分析,系统评估观测自动化对相对湿度、能见度、雾、霾等视程障碍类天气现象要素序列不连续性的影响,优化资料均一性订正方法,保持观测资料连续性,发挥自动化观测的效益。通过对地面气象观测自动化的新型观测设备、观测方法与人工观测的对比分析,可直接为地面气象观测业务数据的分析处理、设备的改进、软件的完善升级、观测算法的改进提供科学依据。

　　随着观测系统自动化进程的推进,截至 2020 年 4 月,地面观测已基本实现全要素的自动化观测。为此，尽快完成人工观测与自动观测的转换，以及多种仪器换型对气候资料系列产生的非均一性检验与订正至关重要。例如尽快研制发布云量、能见度、积雪等要素均一化产品，同时扩展资料均一化产品数据标识，建立均一化产品的评估和准入机制，避免多套同类产品导致分析结果不同，深入广泛地推进数据产品业务和科研应用。

  本书作者通过对比自动观测和人工观测相对湿度和能见度的差异，从观测原理等角度对比分析了自动观测和人工观测数据误差存在的种类、原因以及数据处理和应用的方法。开展了人工观测和自动观测资料对比分析，完成了业务观测设备升级、观测方法改进等观测调整对地面相对湿度、能见度资料连续性影响的定量分析评估，分析了观测方式改变等对资料观测值差异的影响，建立了观测自动化对气象观测资料影响状况的定量评估指标。给出了相对湿度优选参考序列的技术方案，为观测资料连续性分析提供参考，对历史资料序列进行了均一化检验与订正。基于研究成果本书给出了将台站平行观测资料用于资料均一化分析与订正的实例，以及观测设备改进、算法改进和平行观测资料数据应用等方面的建议，可为开展相关数据对比分析及实际使用提供帮助。

第 2 章　相对湿度自动观测与人工观测对比分析

2002—2005 年期间,我国 2400 多个地面气象站全部采用自动气象观测系统,包括相对湿度在内的常规气象要素的人工观测被自动观测取代,自 2012 年 4 月 1 日起,全国仅保留了 8 个国家基准气候站的人工观测,进行 8 个定时观测时次(23 时、02 时、05 时、08 时、11 时、14 时、17 时和 20 时)(北京时,下同)的人工观测,2014 年 1 月 1 日起仅在 3 个定时观测时次(08 时、14 时、20 时)进行人工观测,02 时气温、相对湿度、气压等气象要素采用通过订正自记纸记录方式获取。自动气象站的观测原理、观测方法与人工观测相比均发生了很大变化。观测系统的变化导致观测结果之间的差异不可避免,而这种差异会造成气候趋势演变以及天气事件分析的误差甚至错误,很有必要对自动观测和人工观测获取的观测资料进行比对分析、评估和总结,揭示 2 种观测技术体制的可比性及自动观测的稳定性。

2.1　基于 8 个国家基准气候站相对湿度数据的对比分析

2.1.1　数据及方法

2.1.1.1　数据来源

本节采用的相对湿度资料为长期保留人工器测观测任务的 8 个国家基准气候站 8 年(2007—2014 年)自动观测与人工观测资料。2007 年 1 月—2012 年 3 月期间相对湿度取 00—23 时各整点观测资料,2012 年 4 月—

2014年12月期间相对湿度取02时(北京时,下同)、08时、14时、20时4次定时观测资料。8个国家基准气候站包括:银川站(53614)、阿勒泰站(51076)、格尔木站(52818)、长春站(54161)、张北站(53399)、寿县站(58215)、贵阳站(57816)和电白站(59664)。

2.1.1.2 观测方法

相对湿度人工观测:《地面气象观测规范》(2003版)中规定当百叶箱气温在−10 ℃及以上时相对湿度采用百叶箱干湿表进行观测,在气温−10~0 ℃时湿球温度需要进行溶冰观测,空气中相对湿度的计算公式:$U=(e/E)\times 100\%$;气温低于−10 ℃时相对湿度换用毛发湿度表(计)进行观测。

相对湿度自动观测:将湿度传感器置于百叶箱中,当大气中水汽透过传感器的上电极进入介电层,介电层吸收水汽后,介电系数发生变化,导致电容器电容量发生变化,电容量的变化正比于相对湿度,从而测量相对湿度;本书自动观测相对湿度数据采用正点1 min的平均值,即正点1 min内有效采样值的算术平均值。

2.1.1.3 观测设备

8个自动气象站均采用湿敏电容湿度传感器观测相对湿度,湿度传感器头部有保护滤罩或者保护套。由表2.1可知电白站、银川站使用的是HMP155型温湿传感器,阿勒泰站、寿县站、贵阳站、格尔木站、张北站、长春站使用的是HMP45D型温湿传感器;由表2.2可知,8个气象站自动观测仪器均按规定每2年传感器进行1次检定或校准,在汛期前对观测仪器进行检查并视情况更换,人工观测仪器按照规范要求进行检定。

表2.1 自动观测与人工观测的相对湿度观测设备

台站	自动观测	人工观测
长期保留人工观测 8个气象站	HMP155型传感器(电白、银川) HMP45D型传感器(其他6个台站采用)	干湿球温度表($T\geqslant-10$ ℃) 毛发湿度表($T<-10$ ℃)

表 2.2　设备检定情况

观测仪器	检定情况
人工观测	干湿球温度表新启用 3 年检定 1 次,复检表 5 年检定 1 次 毛发湿度表每年夏季检定 1 次,观测前制作订正图
自动观测	温度、湿度传感器 2 年检定 1 次,汛前进行检查,视情况更换

2.1.1.4　分析方法

为更好对比分析自动观测和人工观测相对湿度的对比差值,以人工观测相对湿度为参考值,合并统计 8 个气象站自动观测与人工观测的对比差值作为基础数据,在不同气温、湿度、风速等环境条件下做对比分析,统计两者在不同观测时次、分季节的误差变化和数据差异。采用对比差值的平均偏差、绝对偏差和均方差方法进行分析研究、评估和总结,查找 2 种观测技术误差产生的原因。

相关公式和定义如下:

对比差值:设 A_i 为某要素第 i 次人工观测值,U_i 为相应时间自动站仪器观测值,则第 i 次的对比差值 x_i 为:

$$x_i = U_i - A_i$$

平均偏差(差值平均值):即对比差值的平均值,设 2 种观测仪器对比观测次数为 n,则对比差值的平均值 $\bar{x}$ 为:

$$\bar{x} = \frac{\sum_{i=1}^{n} x_i}{n}$$

绝对偏差(差值绝对值):对比差值绝对值的平均值,设两种观测仪器对比观测次数为 n,则绝对偏差 y_i 为:

$$y_i = \frac{\sum_{i=1}^{n} |x_i|}{n}$$

均方差(差值标准差):对比差值的标准差 σ 为:

$$\sigma = \left[\frac{1}{n-1}\sum_{i=1}^{n}(x_i - \bar{x})^2\right]^{\frac{1}{2}}$$

2.1.2 时序及差值分析

通过对 8 个气象站原始观测数据的时间序列变化情况和散点分布图情况的分析,了解相对湿度观测数据质量,结合观测仪器运行情况,便于剔除仪器故障期间观测数据(图 2.1)。

2.1.2.1 原始数据时间序列

图 2.1 为 8 个气象站 2007 年 1 月—2014 年 12 月人工观测数据与自动化观测数据时间序列变化图。

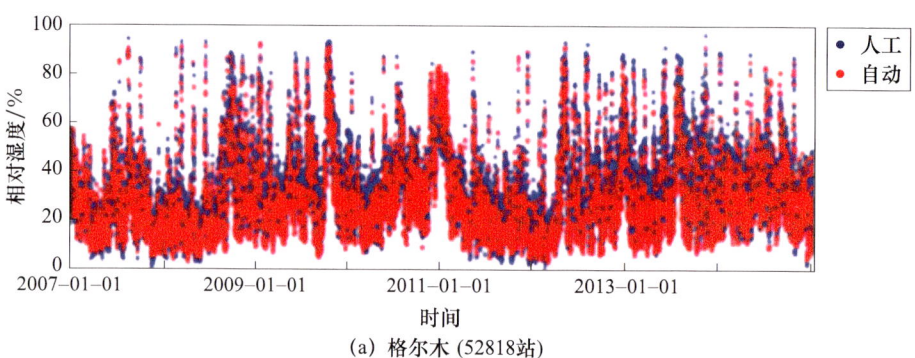

(a) 格尔木 (52818 站)

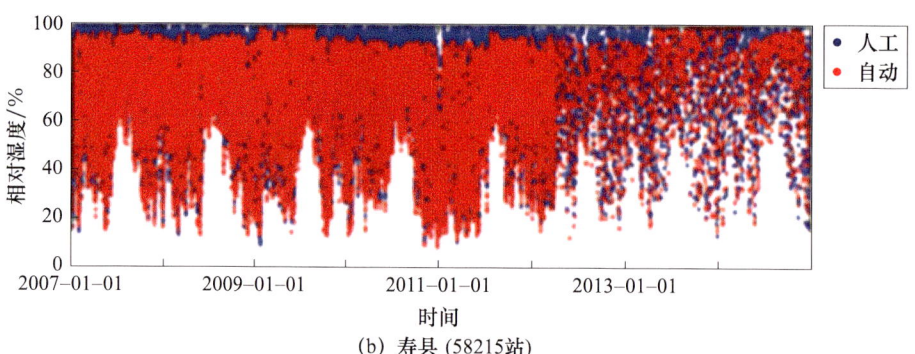

(b) 寿县 (58215 站)

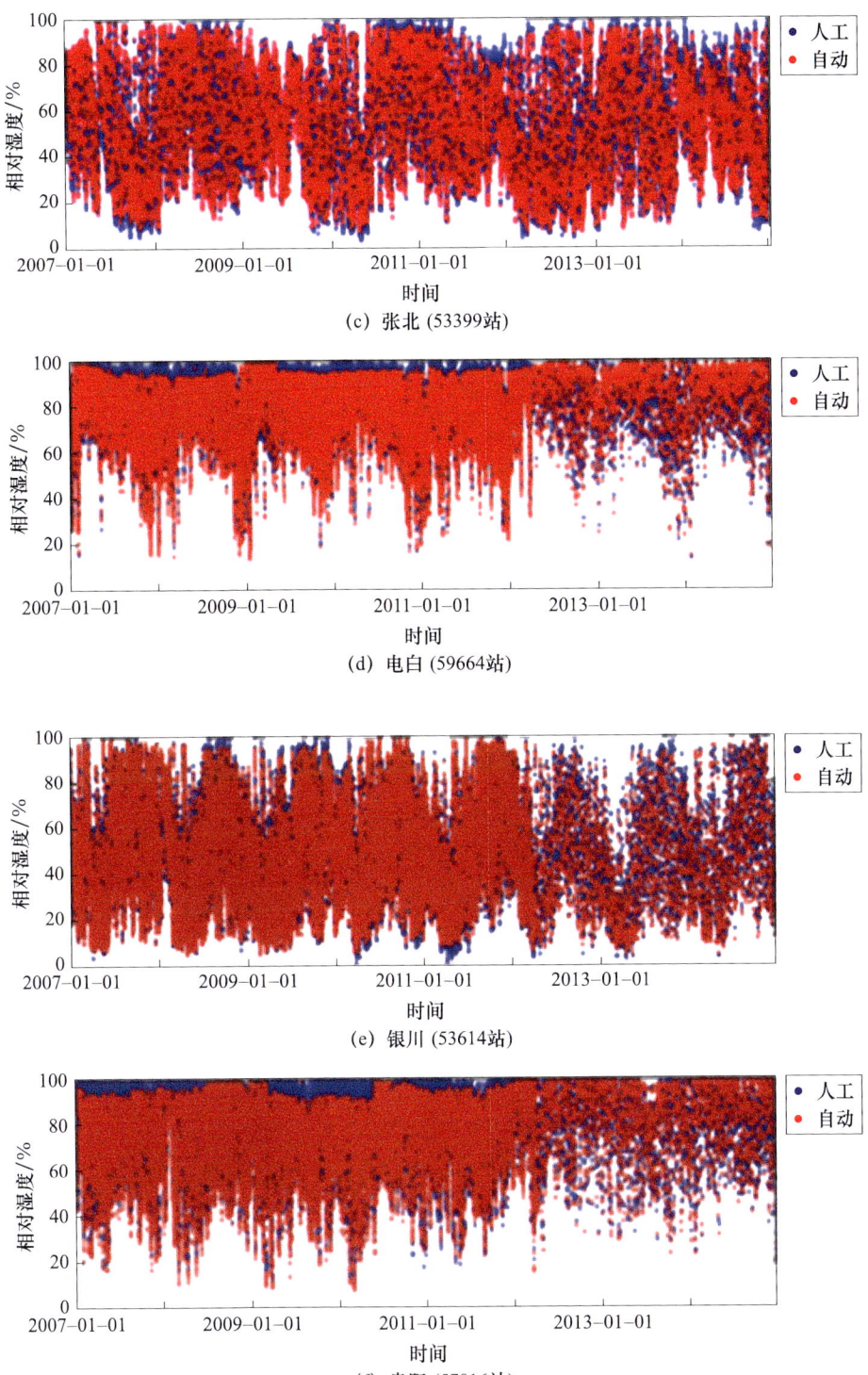

(c) 张北 (53399站)

(d) 电白 (59664站)

(e) 银川 (53614站)

(f) 贵阳 (57816站)

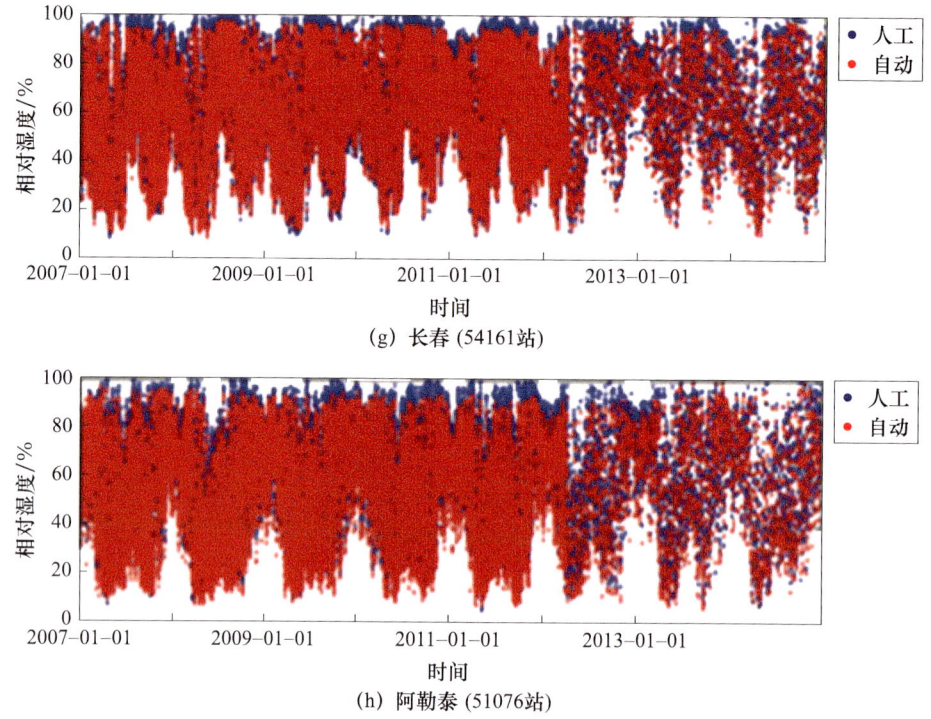

图2.1　8个气象站自动观测与人工观测相对湿度对比

图2.2为8个气象站合并统计的2007年1月—2014年12月人工观测数据与自动化观测数据时间序列变化图。从图2.1和图2.2分析可以看出：自动观测与人工观测的相对湿度数据重叠度较高，变化趋势基本一致；低湿比高湿时自动观测和人工观测重叠更好；自动观测的湿度数据略小于人工观测；格尔木、阿勒泰、银川、张北的气候较干燥，电白、寿县、贵阳的气候偏湿润。

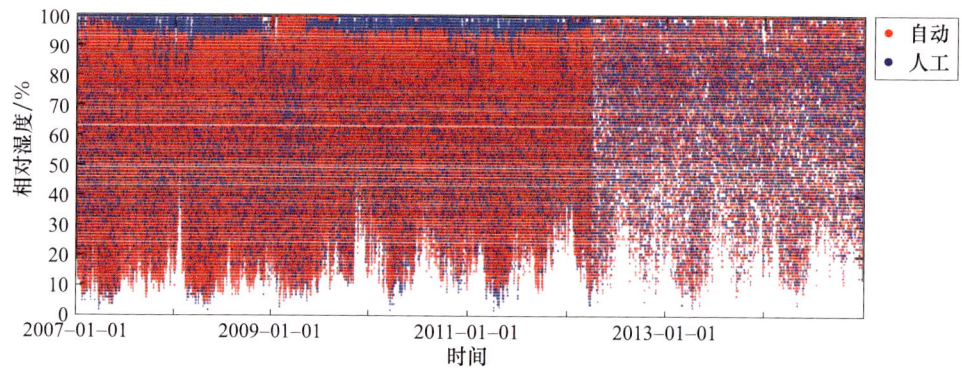

图2.2　8个气象站合并统计的自动观测与人工观测相对湿度对比

2.1.2.2 差值数据时间序列

为了进一步了解自动观测和人工观测湿度的差值情况,合并统计8个气象站2007年1月1日—2014年12月31日观测数据,并做自动观测与人工观测相对湿度对比差值序列图,如图2.3所示。

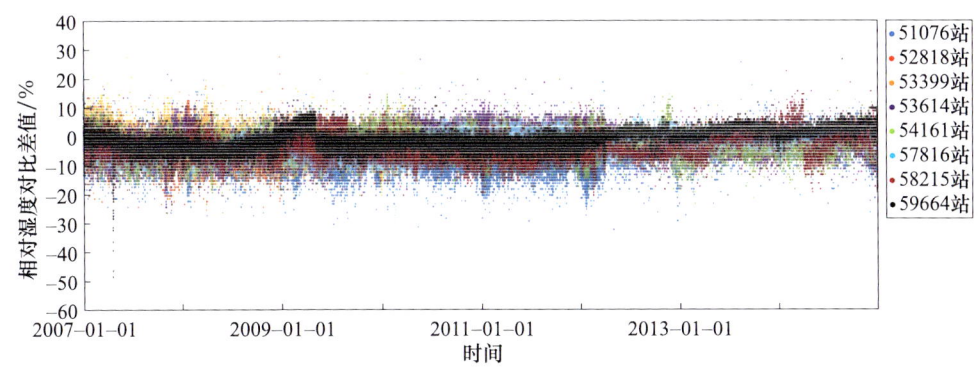

图2.3 自动观测与人工观测对比差值的序列图(8个气象站合并)

合并统计总体情况具有较好的时间序列一致性,但也有一些差值较大的散点分布。贵阳站、电白站和寿县站3个站点在时间序列图上存在跳变,经过查询台站元数据信息,系湿度传感器故障更换造成,对于3个站点在时间序列上的跳变点和距离远的散点,通过"3σ原则"数据质量控制筛选剔除。

2.1.2.3 自动观测与人工观测相关性

总体来看,8个气象站自动观测与人工观测相对湿度数据具有较好的相关性(图2.4),相关系数R为0.99,也具有较好的可比性;同时,两种观测数据也有一定的离散性,而且少量数据偏离拟合直线,可能是有人为因素或仪器故障等原因造成的异常值,需要在数据分析之前剔除。

2.1.3 气温高于0℃数据分析

在气温高于0℃条件下,通过合并统计8个气象站在不同湿度、温度和风速以及不同观测时次条件下自动观测和人工观测对比差值,分析2种观测方式存在差异的规律和原因分析。

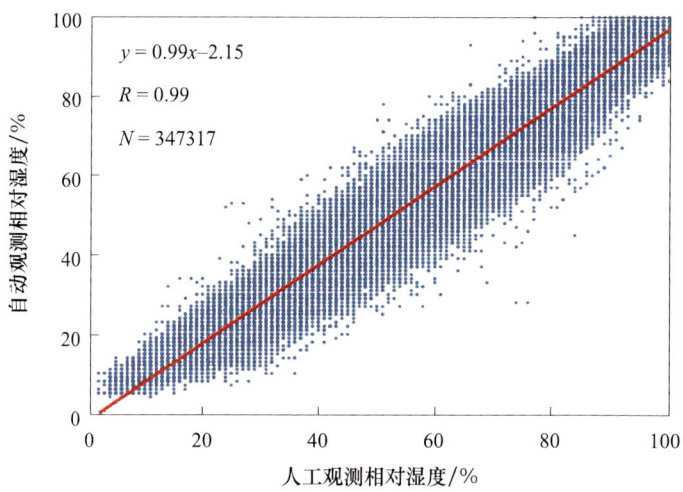

图 2.4 8个气象站自动观测与人工观测相对湿度相关性

(R:自动观测与人工观测相对湿度相关系数,N:样本数量)

2.1.3.1 不同湿度条件对比分析

根据《地面气象观测规范》对地面自动气象站观测仪器的准确度性能要求,即相对湿度在[0,80%]时传感器准确度为4%,在(80%,100%]时准确度为8%,将人工观测相对湿度在(80%,100%]划分为高湿条件,人工观测[0,80%]划分为低湿条件。分别统计高湿条件下和低湿条件下的自动观测相对湿度样本量、平均偏差、绝对偏差和均方差(表2.3)。

表2.3 8个气象站高低湿条件下自动观测与人工观测相对湿度对比差值统计结果($T>0$ ℃)

湿度 /%	样本量 /个	平均偏差 /%	绝对偏差 /%	均方差 /%
[0,80](低湿)	169118	−2.727	3.647	3.586
(80,100](高湿)	98256	−2.746	3.398	3.023
[0,100](总体)	267374	−2.734	3.555	3.390

对8个气象站资料对比差值的偏差分析结果表明:自动观测与人工观测相对湿度对比差值的总平均偏差为负值,说明自动观测相对湿度较人工

观测总体上偏低约 2.7%,分析表明这可能与自动站湿度传感器本身的特性有关;总体情况下对比差值差异不大,但高湿条件时均方差偏小。

为了进一步讨论分析不同湿度条件下自动观测和人工观测差异的影响,将人工观测资料相对湿度分为 6 段进行分别统计:[0,30%),[30%,50%),[50%,70%),[70%,80%),[80%,90%),[90%,100%],统计结果如表 2.4 所示。

表 2.4 8 个气象站人工观测湿度分段自动观测与人工观测相对湿度对比差值统计结果($T>0$ ℃)

人工观测湿度 /%	样本量 /个	平均偏差 /%	绝对偏差 /%	均方差 /%
[0,30)	27199	−1.825	3.116	3.483
[30,50)	44914	−3.326	4.195	3.879
[50,70)	56261	−2.712	3.622	3.553
[70,80)	36678	−2.699	3.435	3.213
[80,90)	45816	−2.570	3.322	3.137
[90,100]	56506	−2.880	3.459	2.934

由表 2.4 统计分析表明:自动观测与人工观测相对湿度对比差值总平均偏差值为−2.734%,说明自动观测相对湿度较人工观测偏低,这与自动观测湿度传感器本身的特性有关。湿度低于 30%时 2 种观测结果的平均偏差和绝对偏差最小,但均方差仍明显;相对湿度在[30%,50%)时自动观测与人工观测的偏差显著,平均偏差为−3.326%、绝对偏差为4.195%、均方差为 3.879%;相对湿度高于 50%时,平均偏差和绝对偏差未有明显变化,随着湿度的增大,均方差值逐渐偏小。在湿度低于 30%时自动观测和人工观测偏差值最小,湿度在[30%,50%)范围时 2 种观测结果差异最大,这是由于高湿的状态下,湿度观测值变化较缓慢,但湿度小的情况下,自动观测设备更加敏感所致。

2.1.3.2 不同温度条件对比分析

湿敏电容传感器是根据空气湿度变化引起两极板间介质材料的介电常数变化测量湿度的。但环境温度的变化也会引起介质材料介电常数的变化,从而给湿度测量结果带来误差。

为了研究气温变化对自动观测和人工观测相对湿度差值的影响,本节将自动站观测气温分为[0,10)℃、[10,30)℃、≥30 ℃ 3段,统计不同气温条件下自动观测与人工观测相对湿度差值的平均偏差、绝对偏差和均方差分布,如表2.5所示。

表2.5 8个气象站气温分段自动观测与人工观测

相对湿度对比差值统计结果($T>0$ ℃)

自动站气温 /℃	样本量 /个	平均偏差 /%	绝对偏差 /%	均方差 /%
[0,10)	61975	−2.944	3.751	3.482
[10,30)	178388	−2.764	3.510	3.295
≥30	27011	−2.054	3.408	3.695

表2.5显示,对比差值的均方差在[0,30]℃不明显,自动观测与人工观测湿度对比差值的平均偏差、绝对偏差随着气温的升高有逐渐减小的趋势,说明温度越高,自动观测和人工观测对比差值越小。

2.1.3.3 不同风速条件对比分析

干湿表观测相对湿度会受到周围环境风速的影响,这个影响通常用干湿表常数 A 来表示,常数 A 与风速关系如图2.5所示:在通风风速小于 $2 \text{ m} \cdot \text{s}^{-1}$ 时,常数 A 受风速影响比较大,风速大于 $2 \text{ m} \cdot \text{s}^{-1}$ 时,常数 A 受风速影响比较小,A 值逐渐趋向一个稳定的临界值。

为了分析风速对湿度观测的影响,将自动站观测风速分为6段,分别是 $[0,2) \text{m} \cdot \text{s}^{-1}$、$[2,4) \text{m} \cdot \text{s}^{-1}$、$[4,6) \text{m} \cdot \text{s}^{-1}$、$[6,8) \text{m} \cdot \text{s}^{-1}$、$[8,10) \text{m} \cdot \text{s}^{-1}$、$[10,75) \text{m} \cdot \text{s}^{-1}$,统计不同风速条件下自动观测与人工观测相对湿度偏差情

况,如表 2.6 所示。

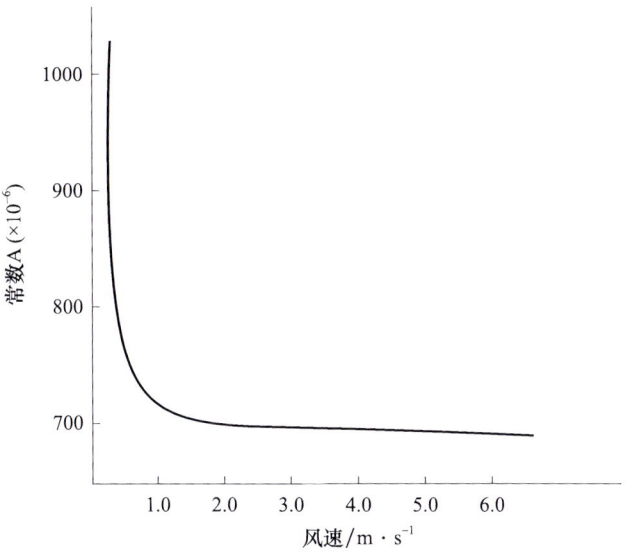

图 2.5 干湿表常数 A 与风速的关系

表 2.6 8 个气象站风速分段自动观测与人工观测

相对湿度对比差值统计结果（$T>0$ ℃）

风速(自动站)/m·s^{-1}	样本量/个	平均偏差/%	绝对偏差/%	均方差/%
[0,2)	97894	−3.713	4.231	3.399
[2,4)	105738	−2.639	3.338	3.094
[4,6)	35591	−1.662	2.840	3.136
[6,8)	8233	−1.105	2.732	3.303
[8,10)	2379	−1.190	3.078	3.733
[10,75)	17539	−0.994	2.998	3.697

根据表 2.6 分析结果表明,在风速为[0,2)m·s^{-1}的低风速下自动观测和人工观测相对湿度对比差值的平均偏差较大,由干湿表常数 A 与风速关系可知,风速稍有变化就会造成较大的误差,相对湿度误差较大,也是造成自动观测和人工观测对比差值较大的原因之一;在风速为[2,8)m·s^{-1}时,平均偏差和绝对偏差随着风速增大减小,平均偏差趋近于 1%,均方差随风速的增大而增大;在风速为[8,75)m·s^{-1}时,平均偏差略有减小趋势。

2.1.3.4 不同观测时次对比分析

为了研究 2 种湿度观测方式在不同时次上的差异,根据业务调整重要时间节点分时段(2007 年 1 月 1 日—2012 年 3 月 31 日,2012 年 4 月 1 日—2014 年 12 月 31 日)统计了 8 个气象站的自动观测和人工观测相对湿度对比差值小时数据的日变化。

如图 2.6 和图 2.7 分析结果显示,自动观测与人工观测对比差值在下午湿度相对偏低时偏小,在夜间和上午湿度较大的时候对比差值较大;人工观测每日相对湿度变化呈单峰单谷型,凌晨左右相对湿度最高,15 时左右相对湿度最低;从 2012 年 4 月 1 日起 2 种观测结果对比差值日变化和 2007 年 1 月 1 日—2012 年 3 月 31 日时段的对比差值规律一致但略偏小,其原因还需要长时间序列资料进一步分析。

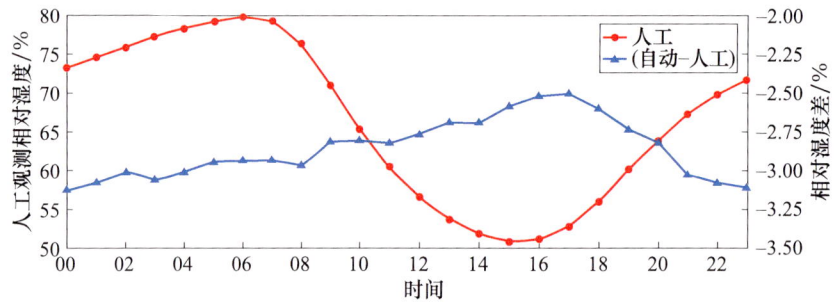

图 2.6　8 个气象站相对湿度人工观测值和对比差值日变化

(2007 年 1 月 1 日—2012 年 3 月 31 日)

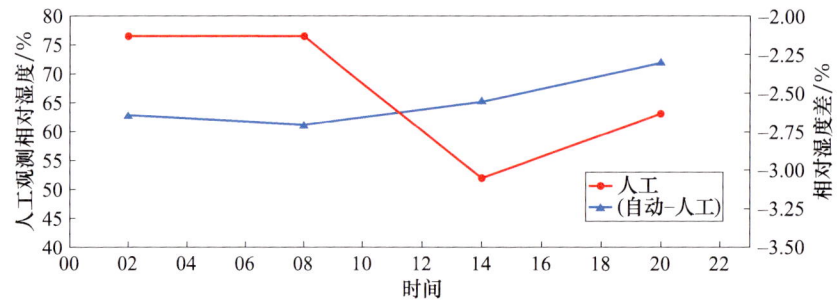

图 2.7　8 个气象站相对湿度人工观测值和对比差值日变化

(2012 年 4 月 1 日—2014 年 12 月 31 日 4 次定时)

2.1.4 气温低于 0 ℃数据分析

2.1.4.1 不同湿度条件对比分析

将人工观测相对湿度(80%,100%]划分为高湿条件,[0,80%]划分为低湿条件。分别统计气温低于 0 ℃时,低湿条件下和高湿条件下的样本量、平均偏差、绝对偏差和均方差,如表 2.7 所示。

表 2.7　8 个气象站高低湿条件下自动观测与人工观测相对湿度对比差值统计结果($T \leqslant 0$ ℃)

湿度/%	样本量/个	平均偏差/%	绝对偏差/%	均方差/%
[0,80](低湿)	54550	−1.686	3.696	4.401
(80,100](高湿)	18816	−3.249	3.924	3.603
[0,100](总体)	73366	−2.087	3.754	4.265

当气温低于 0 ℃时,高、低湿条件下自动观测与人工观测相对湿度对比差值的统计结果表明:8 个气象站在低湿条件下对比差值的平均偏差为 −1.686%,高湿条件下为 −3.249%;低湿条件下绝对偏差为 3.696%,高湿条件下为 3.924%;总体情况来看,在高湿环境下,自动观测和人工观测相对湿度对比差值较大,但是均方差明显低于低湿情况,说明在高湿时对比差值的离散性好于低湿环境。

为了进一步研究相对湿度的大小对自动观测和人工观测相对湿度对比差值的影响,根据人工观测资料将湿度分为 6 段进行统计:[0,30%),[30%,50%),[50%,70%),[70%,80%),[80%,90%),[90%,100%]。

由表 2.8 可知,在气温低于 0 ℃时,总体情况下,平均偏差、均方差和绝对偏差均低于气温高于 0 ℃时,在湿度低于 30%时 2 种观测的对比差值最小,与气温高于 0 ℃时具有相同的规律;在[30%,90%)湿度段平均偏差和绝对偏差随着湿度的增加而增大;均方差先随湿度的增大而增大,在[30%,

90%)湿度段最大,随后随着湿度的增加而减小。

表 2.8 8 个气象站湿度分段自动观测与人工观测相对湿度对比差值统计结果($T \leq 0$ ℃)

湿度 /%	样本量 /个	平均偏差 /%	绝对偏差 /%	均方差 /%
[0,30)	3675	−1.156	2.836	3.435
[30,50)	14897	−1.288	3.429	4.150
[50,70)	21823	−1.460	3.753	4.576
[70,80)	12745	−2.521	4.083	4.486
[80,90)	13818	−3.287	4.146	3.962
[90,100]	6408	−3.160	3.545	2.889

2.1.4.2 不同温度条件对比分析

将气温分为[−10,0)℃,[−20,−10)℃,<−20 ℃ 3 段,统计在气温低于 0 ℃时不同气温下自动观测与人工观测相对湿度对比差值的变化,如表 2.9 所示。

表 2.9 8 个气象站气温分段自动观测与人工观测相对湿度对比差值统计结果($T \leq 0$ ℃)

气温(自动站) /℃	样本量 /个	平均偏差 /%	绝对偏差 /%	均方差 /%
[−10,0)	42400	−1.554	3.228	3.826
[−20,−10)	22796	−2.121	4.092	4.601
<−20	8170	−4.756	5.547	4.442

由表 2.9 可知,当气温低于 0 ℃时,各站的平均偏差均为负值,这与气温高于 0 ℃时的变化规律一致;随着气温降低,自动观测与人工观测平均偏

差明显增大;气温低于 0 ℃ 各气温段均方差变化不很明显;气温降至 −20 ℃ 以下时,自动观测与人工观测相对湿度平均偏差明显增大,说明低温环境条件对相对湿度观测造成影响较大,实际工作情况中,人工观测相对湿度在气温低于 −10 ℃ 时采用毛发湿度表观测,毛发湿度表(计)本身特性和湿度订正也会增大观测误差。

2.1.4.3 不同风速条件对比分析

在气温低于 0 ℃ 时,为了分析风速对湿度观测的影响,仍将风速分为 6 段:$[0,2)$ m·s^{-1}、$[2,4)$ m·s^{-1}、$[4,6)$ m·s^{-1}、$[6,8)$ m·s^{-1}、$[8,10)$ m·s^{-1}、$[10,75)$ m·s^{-1},统计不同风速条件下自动观测与人工观测相对湿度对比差值情况,如表 2.10 所示。

表 2.10　8 个气象站风速分段自动观测与人工观测相对湿度对比差值统计结果($T \leqslant 0$ ℃)

风速(自动站)/m·s^{-1}	样本量/个	平均偏差/%	绝对偏差/%	均方差/%
[0,2)	39946	−2.374	3.969	3.397
[2,4)	21395	−1.669	3.413	3.997
[4,6)	6568	−1.569	3.328	3.970
[6,8)	2092	−1.682	3.695	4.334
[8,10)	716	−1.980	4.154	4.595
[10,75)	2648	−2.754	4.278	4.458

表 2.10 表明,在低风速(风速为 $[0,2)$ m·s^{-1})下自动观测和人工观测相对湿度平均偏差较大,均方差相对最小;风速为 $[2,10)$ m·s^{-1} 时,随着风速增大,自动观测与人工观测相对湿度平均偏差变化不明显,但风速大于 10 m·s^{-1} 时,变化明显增大。

2.1.4.4　不同观测时次对比分析

为了分析逐小时自动观测与人工观测相对湿度对比差值,合并统计了 2007 年 1 月 1 日—2012 年 3 月 31 日气温低于 0 ℃时阿勒泰、张北、长春、银川 4 个站(由于电白、寿县、贵阳、格尔木气温低于 0 ℃时的样本较少甚至为零,无法绘制完整的日变化图)自动观测与人工观测相对湿度对比差值的日变化情况如图 2.8 所示。

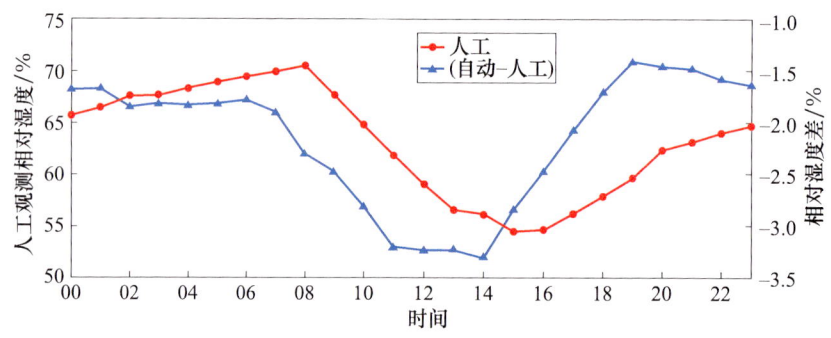

图 2.8　自动观测与人工观测相对湿度对比差值和人工观测
相对湿度逐小时对比($T \leqslant 0$ ℃)

图 2.8 结果显示,气温低于 0 ℃时,自动观测与人工观测相对湿度对比差值和人工观测相对湿度的趋势一致,都呈单谷型日变化特征,自动观测和人工观测对比差值在夜间最小,在白天 11—14 时最大,与温度高于 0 ℃的对比差值特征相反;在时间序列上,对比差值时间序列落后人工观测相对湿度 2h 左右。在气温低于 0 ℃时,2012 年 4 月—2014 年 12 月时间段样本值很少,需要更多样本资料做相关规律特征分析。

2.1.5　季节变化与年变化研究

2.1.5.1　季节变化特征分析

按照气象上常用的季节划分方式,将 3—5 月、6—8 月、9—11 月、12 月至次年 2 月划分为春、夏、秋、冬四季,资料按 2007 年 1 月 1 日—2012 年 3

月31日,2012年4月1日—2014年12月31日2个时段分别统计不同季节相对湿度平均差值日变化情况,如图2.9和图2.10所示。

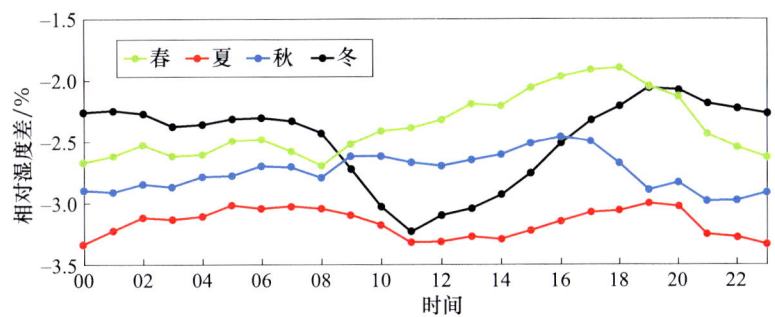

图2.9　自动观测和人工观测相对湿度平均偏差季节内的日变化时间序列
(2007年1月1日—2012年3月31日)

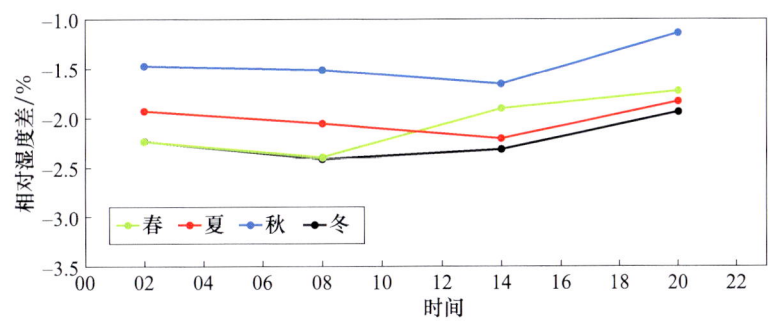

图2.10　自动观测和人工观测相对湿度平均偏差季节内的日变化时间序列
(2012年4月1日—2014年12月31日)

分析结果表明:夏季自动观测与人工观测相对湿度对比差值变化幅度大于春季和秋季,即夏季2种观测方式数据的对比差值最大。分析其原因可能是由于湿敏电容夏季长期处于高温高湿的环境,高温高湿会对观测结果造成一定影响;冬季两种观测方式数据的对比差值的日变化呈单谷形,且变化幅度较大,在中午前后对比差值幅度最大;2012年3月31日后2种观测相对湿度对比差值逐渐减小,秋季对比差值小于春、夏和冬季,不同于该时间节点前的规律,2012年3月31日以后人工观测相对湿度每日4次定时观测,2014年1月1日后是每日3次定时观测,统计样本偏少,一定情况下影响数据分析评估。

2.1.5.2 年变化特征分析

经过统计 8 个试点气象站的自动观测与人工观测相对湿度对比差值的平均值年序列情况,2007—2012 年平均偏差无明显变化,2012 年之后平均偏差呈现逐渐减小趋势,变化趋势的原因还需要根据长时间序列资料的评估分析来进一步认定。

2.1.6 结论与原因分析

2.1.6.1 主要结论

通过对 8 个长期保留人工观测的气象站 2007 年 1 月 1 日—2014 年 12 月 31 日的自动观测和人工观测相对湿度观测数据总体情况进行合并统计、对比分析,主要结论有:

(1)自动观测和人工观测相对湿度观测数据总体相关性较好,相关系数为 0.99,具有较好的可比性。由观测相对湿度数据分析可知,自动观测的相对湿度值低于人工观测相对湿度值,总体平均偏差为 -2.595%。

(2)相对湿度的观测受湿度、气温、风速等气象要素的影响,并呈现一定的规律性:①在湿度低于 30% 时自动观测和人工观测值平均偏差最小,湿度在 [30%,50%) 范围时 2 种观测结果差异最大。②对比差值的平均值在 0 ℃ 以上时随温度的升高而减小,在 0 ℃ 以下时随着温度的降低而增大明显。③在气温高于 0 ℃ 时,在风速 $[0,2)$ m·s^{-1} 时 2 种观测的对比差值最大,在 $[2,8)$ m·s^{-1} 风速段平均偏差和绝对偏差随着风速增大减小;在低于 0 ℃ 时,在风速 <2 m·s^{-1} 和风速 >10 m·s^{-1} 条件下对比差值的平均值较大。

(3)自动观测与人工观测相对湿度的对比差值日、季和年变化特征:两种观测方式的对比差值日变化表现为夜间稍大于白天,当气温低于 0 ℃ 时呈明显的单谷型,对比差值的变化幅度落后人工观测相对湿度 2 h 左右;两种观测方式的对比差值夏季最大,春秋季次之,冬季最小且日变化明显;2007—2012 年对比差值无明显变化,但在 2012 年之后呈现逐渐减小趋势,变化趋势的原因需要更长时间序列资料的评估分析来进一步认定。

综合前述,从温度、湿度、风速和不同季节等不同环境条件下的自动观测与人工观测相对湿度观测数据进行分析,总结对比差值特征如表 2.11 所示。

表 2.11 不同环境条件下自动观测和人工观测相对湿度对比差值变化规律

环境条件		自动观测和人工观测相对湿度对比差值变化规律
湿度	$T>0$ ℃	在湿度低于 30% 时 2 种观测结果的对比差值最小,在湿度[30%,50%)段对比差值最大
	$T\leqslant 0$ ℃	高湿环境下的对比差值明显大于低湿环境;在低湿条件下,对比差值随着湿度的增大而上升
气温	$T>0$ ℃	对比差值的平均偏差随着温度的升高而减小,绝对偏差和均方差无明显变化
	$T\leqslant 0$ ℃	对比差值随着温度的降低而增大明显。
风速	$T>0$ ℃	在风速<2 m·s^{-1}条件下 2 种观测的对比差值最大;在[2,8)m·s^{-1}风速段内,平均偏差和绝对偏差随着风速增大减小;在风速>8 m·s^{-1},对比差值略有减小趋势
	$T\leqslant 0$ ℃	在风速<2 m·s^{-1}和风速>8 m·s^{-1}条件下对比差值较大;在[2,8) m·s^{-1}时,2 种观测的对比差值略偏小
不同时次	$T>0$ ℃	对比差值日变化幅度不明显,夜间稍大于白天
	$T\leqslant 0$ ℃	对比差值呈明显的单谷型,中午前后最大,夜间最小,变化幅度落后人工观测 2 h 左右
季节变化		夏季对比差值最大,秋季、春季次之;冬季较小但有明显的日变化,白天大,夜间小
年变化		2007—2012 年对比差值无明显变化,2012 年之后呈现逐渐减小趋势

2.1.6.2 原因分析

分析造成自动观测与人工观测相对湿度对比差值的主要原因有:

(1)在人工观测中,气温在 −10.0 ℃ 以下,使用毛发表进行观测,其设备本身的性能和订正方法造成系统误差较大,这是造成低温情况下自动观测和人工观测对比差值较大的原因。

(2)由于自动站相对湿度传感器性能所致,在高温高湿下其准确度特性明显下降,连续测量时与人工观测对比差值较大。

(3)利用干湿球温度表进行湿度测量时,湿球纱布包扎情况、纱布的长短、水杯中水面高度、冬季融冰观测时机把握和湿球稳定度的掌握、毛发湿度表的毛发清洁度等主观因素影响了人工观测相对湿度的可靠性;而自动站是采用有机高分子膜做介质的湿敏电容传感器观测相对湿度,感应器外有一层保护滤纸或者保护罩,也存在一定的系统性误差,但是按照规定及时更换和定期维护,保持良好的水汽通透性,减少主观因素,数据可靠性将增大。

(4)仪器设备的故障未及时更换或者修复等,也会影响2种观测数据的对比差值,比如贵阳、电白和寿县3个站点因更换传感器出现数据序列的跳变和不连续。

(5)相对湿度传感器本身构造原理也会造成误差,比如温湿传感器未采用温湿分采控制、湿度传感器保护滤罩的反复和长期使用等,造成水汽通透性变差,导致观测结果误差增大。

结合相对湿度自动观测和人工观测对比差值原因分析,再结合观测台站实际工作经验,从仪器和观测方式角度提出一些工作建议:结合台站所处的地域和环境实际条件缩短湿度传感器的检定周期;若传感器性能漂移或者有误差,及时更换传感器;湿度传感器采用一次性的保护滤罩并及时更换,以保证水汽的通透性;长期保留人工观测的台站,毛发湿度表采用观测场室外校准和实验室校准,减少仪器误差。

2.2 基于2400多个国家气象站相对湿度数据的对比分析

2.2.1 台站与数据

利用国家气象站实施平行观测第2年的地面观测数据对全国自动站和人工站平行观测期间的相对湿度数据进行对比评估,客观分析自动观测和人工观测相对湿度数据的对比差值及其规律。

通过对国家气象信息中心收集的平行观测期数据进行整理,剔除了数据完整性较差的台站,实际参与对比评估的台站数共计 2196 个,主要分布在我国 31 个省(自治区、直辖市),各气象站实施平行观测时间均不同,主要集中在 2004—2005 年(图 2.11)。

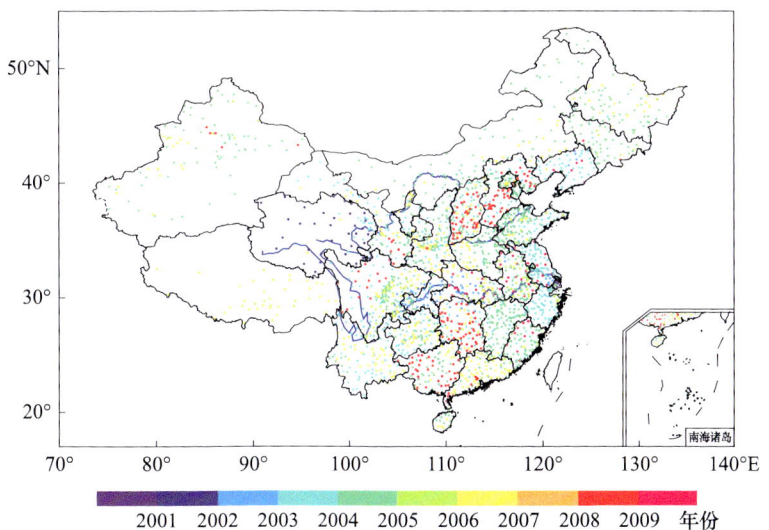

图 2.11　参与评估的国家级地面气象站分布

(不同颜色表示平行观测期第 2 年所在年份,台湾省资料暂缺)

图 2.12 为参与评估台站的逐年台站数分布,可以看出 2001—2009 年期间,除 2008 年无自动观测和人工平行观测期第 2 年数据外,其余年份均有台站参与此次评估。其中,较为集中在 2004 年和 2005 年,分别为 518 站和 814 站。

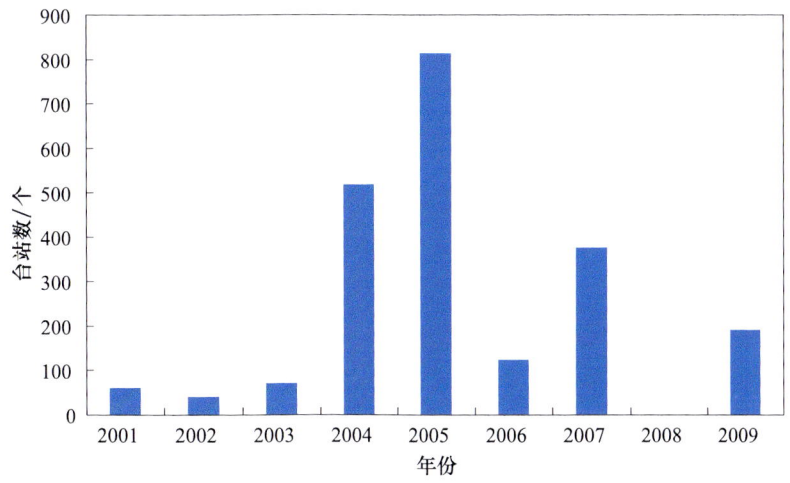

图 2.12　参与评估的国家级地面气象站数逐年分布

为了客观地评估自动观测与人工观测相对湿度的对比差值,避免由于观测资料采集、传输或仪器故障等原因带来的误差,参考国家气象信息中心《适用于全国自动站正点相对湿度资料的质量控制方法》(赵煜飞 等,2011),对上述数据进行了质量控制。数据经过了气候界限值范围检查、时间一致性检查(僵持检查和时间变率检查)和内部一致性检查等,经过各质控步骤检出的疑误记录结果如表 2.12 所示。依据质控结果,剔除了自动观测和人工观测数据中的错误记录。

表 2.12　自动观测与人工观测相对湿度质控步骤及质控结果

质控步骤	质控结果(记录个数)			
	小时值/个		日值/个	
	人工站	自动站	人工站	自动站
气候界限值范围检查	0	0	0	0
僵持检查	0	76	0	12020
时间变率检查	0	689	/	/
内部一致性检查	271	818	271	818

2.2.2　数据处理与评估方法

评估数据项包括:02 时、08 时、14 时、20 时(北京时)定时相对湿度、日平均相对湿度、日最小值相对湿度。其中,日平均相对湿度由 4 次定时观测值算术平均计算得到。因 02 时一般国家级地面气象站不守班观测,因此,该时次仅利用基准站和基本站观测数据进行对比。

本节统计的相对湿度对比差值、平均偏差(差值平均值)、绝对偏差(差值绝对值)、均方差(差值标准差)等评估方法的计算方法同 2.1.1.4 节。

为分析不同气象条件下自动观测和人工观测相对湿度的对比差值,本节对定时相对湿度对比差值按照气温、相对湿度、风速等不同气象条件进行分类。气温≥30 ℃为高温,≤−10 ℃为低温,(−10,30)℃为中温。相对湿度≥80%为高湿,≤30%为低湿,(30%,80%)为中湿。风速≥4 m·s^{-1}为大风，<4 m·s^{-1}为微风。共分为18种类型，具体类型及对应气象条件见表2.13。此外，需要说明的是，气温<−10 ℃时，相对湿度人工观测方法存在误差。按照《地面气象观测规范》（中国气象局，2003），当气温在−10 ℃以下时，停测湿球温度，改用毛发湿度表或湿度计测定湿度。

表2.13 气象条件分类情况

类型	气温/℃	相对湿度/%	风速/m·s^{-1}
高温高湿大风	⩾30	⩾80	⩾4
高温高湿微风	⩾30	⩾80	<4
高温中湿大风	⩾30	(30,80)	⩾4
高温中湿微风	⩾30	(30,80)	<4
高温低湿大风	⩾30	⩽30	⩾4
高温低湿微风	⩾30	⩽30	<4
中温高湿大风	(−10,30)	⩾80	⩾4
中温高湿微风	(−10,30)	⩾80	<4
中温中湿大风	(−10,30)	(30,80)	⩾4
中温中湿微风	(−10,30)	(30,80)	<4
中温低湿大风	(−10,30)	⩽30	⩾4
中温低湿微风	(−10,30)	⩽30	<4
低温高湿大风	⩽−10	⩾80	⩾4
低温高湿微风	⩽−10	⩾80	<4
低温中湿大风	⩽−10	(30,80)	⩾4
低温中湿微风	⩽−10	(30,80)	<4
低温低湿大风	⩽−10	⩽30	⩾4
低温低湿微风	⩽−10	⩽30	<4

2.2.3 对比评估结果

2.2.3.1 相对湿度对比差值的平均值、绝对值和标准差

根据全国各气象站平均的自动观测与人工观测相对湿度对比差值的平均值可知(表 2.14),总体上,自动观测各数据项均比人工观测偏低。从绝对偏差来看,日最小相对湿度的绝对偏差相对较大,平均相差 4.4%;其次为 14 时、08 时、02 时和 20 时;日平均相对湿度的绝对偏差相对最小,平均相差 3.3%。从差值标准差来看,日平均相对湿度的差值标准差相对最小,为 2.4%,其余数据项差值标准差均在 3.3%左右。这是因为日平均值由 4 次定时平均求得,可能由于正负抵消原因使得自动观测与人工观测对比差值减小。

表 2.14 自动观测与人工观测相对湿度对比差值

相对湿度时间	差值平均值/%	差值绝对值/%	差值标准差/%
02 时	−2.0	3.5	3.3
08 时	−2.5	3.8	3.2
14 时	−2.8	3.9	3.5
20 时	−2.0	3.5	3.3
日平均	−2.4	3.3	2.4
日最小	−3.6	4.4	3.3

2.2.3.2 相对湿度对比差值的月变化

根据自动观测与人工观测的相对湿度对比差值平均值的逐月变化(图 2.13)可知,全年各月自动观测各数据项均比人工观测偏低,且总体上夏半年对比差值相比冬半年更大。从差值绝对值看,各数据项差异略有不同,除

08时和日最小相对湿度外,其余数据项均呈现冬半年对比差值相比夏半年更大。

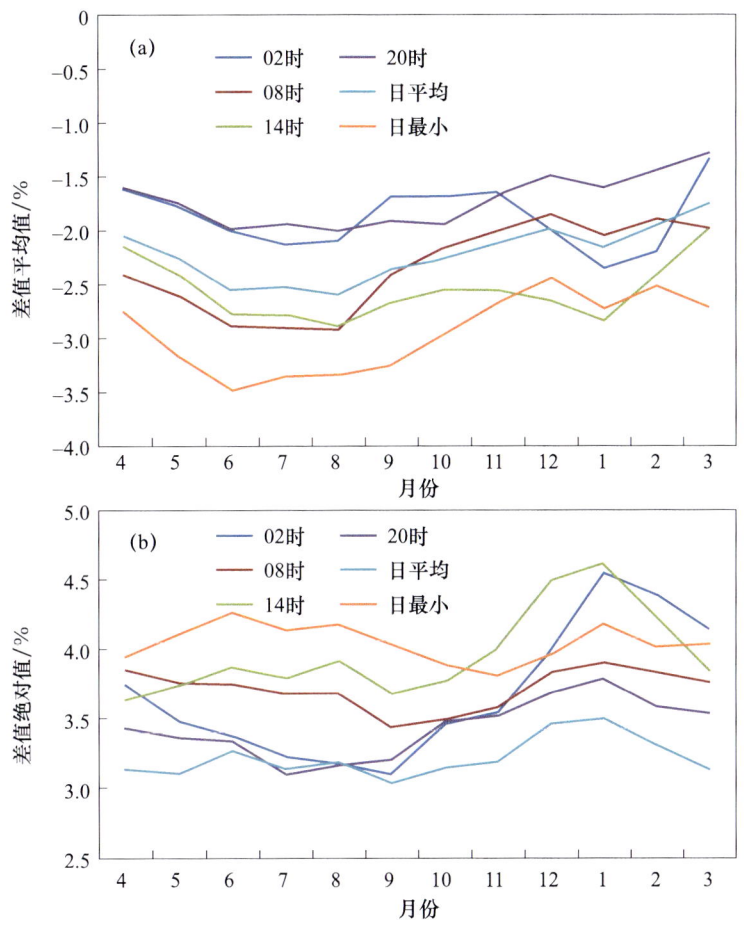

图2.13 自动观测与人工观测相对湿度对比差值的月变化(a)平均值(b)绝对值

2.2.3.3 相对湿度对比差值的分布情况

从全国各气象站相对湿度对比差值平均值的空间分布上(图2.14)可以看出,全国大部分地区相对湿度对比差值平均值为负,即自动观测相对湿度低于人工观测相对湿度值。且我国华北、长江中下游东部、青藏高原东部和南部、江南、华南等地对比差值负值较大。从频率分布可以看出(图2.15),全国各气象站相对湿度对比差值平均值主要集中在(-5%,1%],约占65%。

全国各气象站相对湿度差值绝对值的空间分布与差值平均值相似

(图 2.16),我国华北、长江中下游东部、青藏高原东部和南部、江南、华南等地差值绝对值较大。全国各气象站相对湿度绝对偏差的平均值主要集中在(1%,5%],约占65%(图 2.17)。

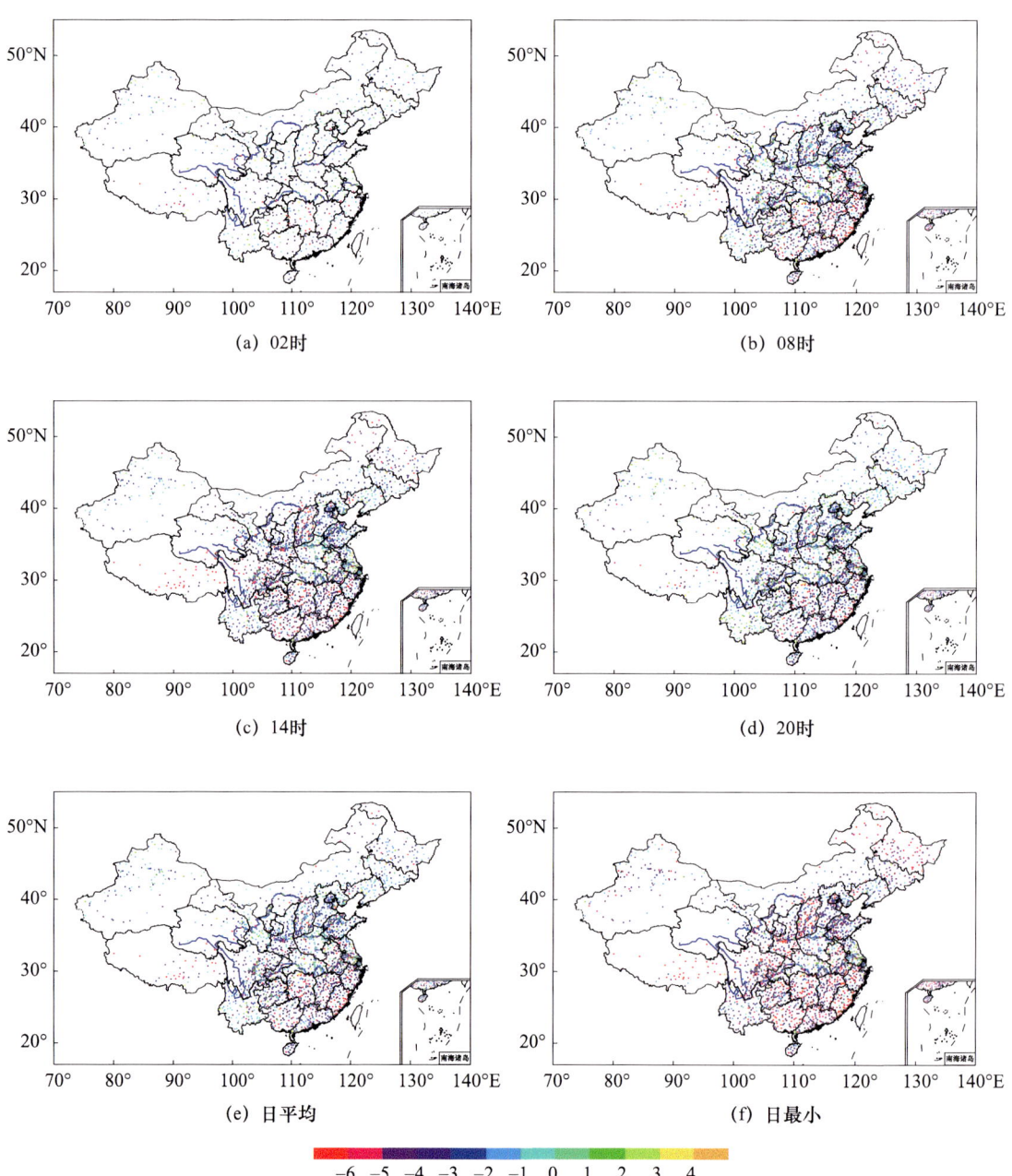

图 2.14 自动观测与人工观测相对湿度对比差值平均值(%)的空间分布

(02 时仅对比基准站、基本站数据,台湾省资料暂缺)

第 2 章 相对湿度自动观测与人工观测对比分析 29

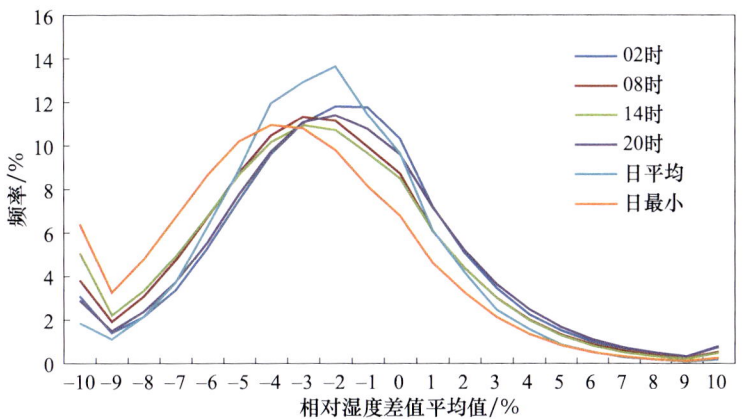

图 2.15 自动观测与人工观测相对湿度对比差值逐站平均值的频率分布

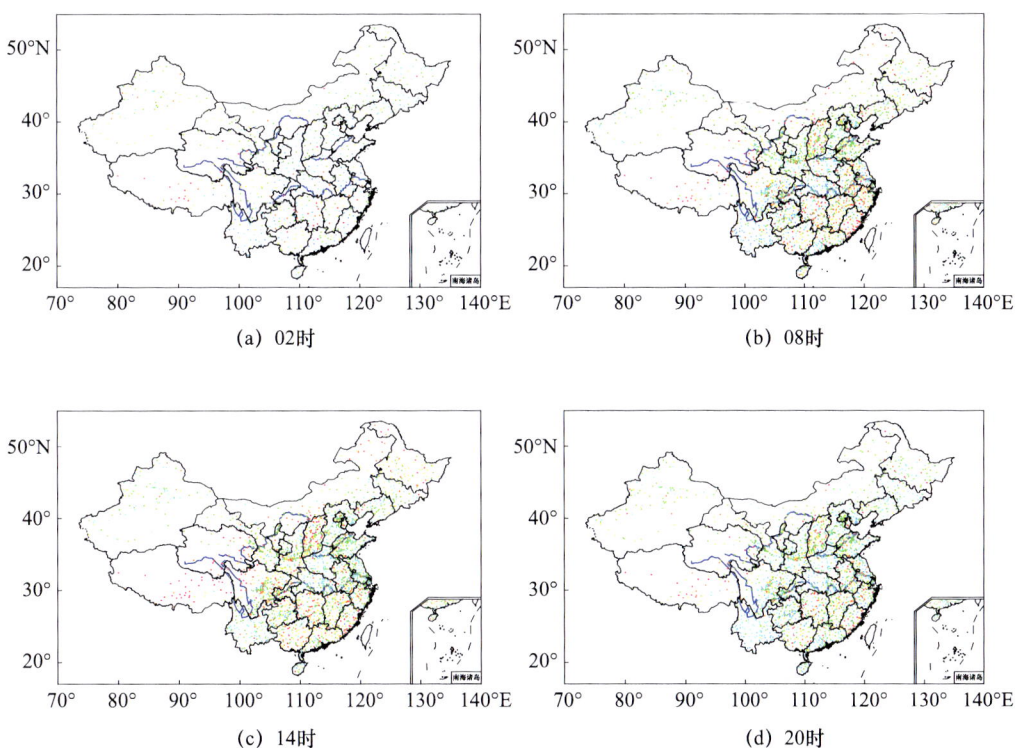

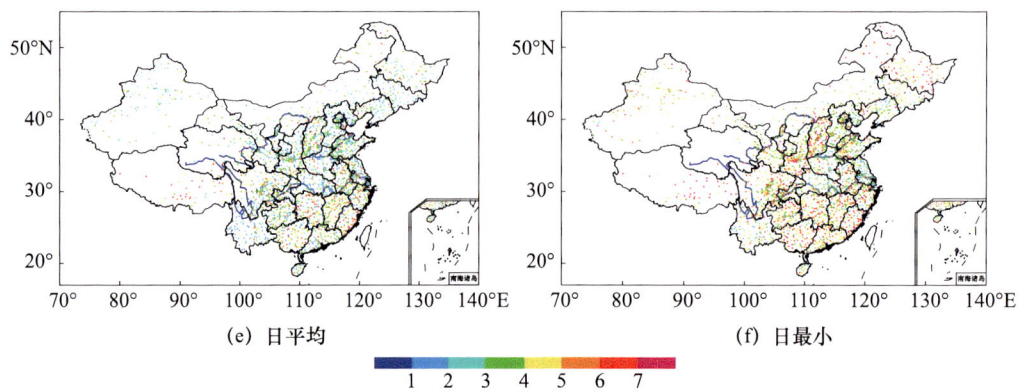

图 2.16　自动观测与人工观测相对湿度差值绝对值(%)的空间分布

(02 时仅对比基准站、基本站数据,台湾省资料暂缺)

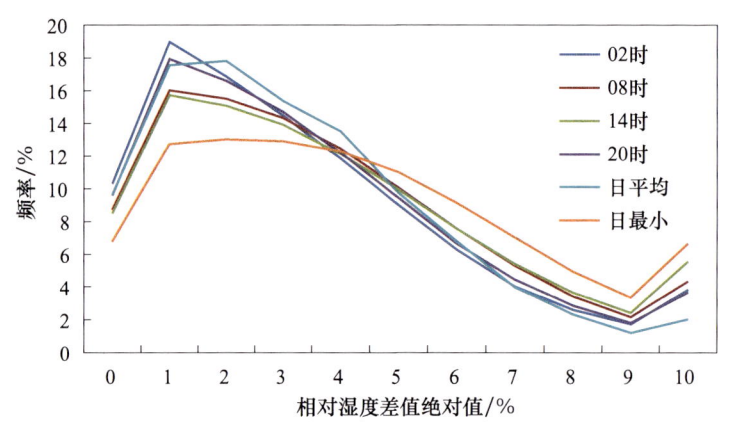

图 2.17　自动观测与人工观测相对湿度差值绝对值的频率分布

全国各气象站相对湿度差值标准差在空间上(图 2.18)总体呈现自南向北逐渐增大的分布形势。其中,我国东南和西南地区相对湿度差值标准差相对较低,主要集中在(1%,3%]。而我国中部、西部和北部地区相对湿度差值标准差均在 3% 以上。从频率分布可以看出(图 2.19),除日平均相对湿度外,相对湿度各数据项差值标准差主要集中在(3%,4%],约占 65%。

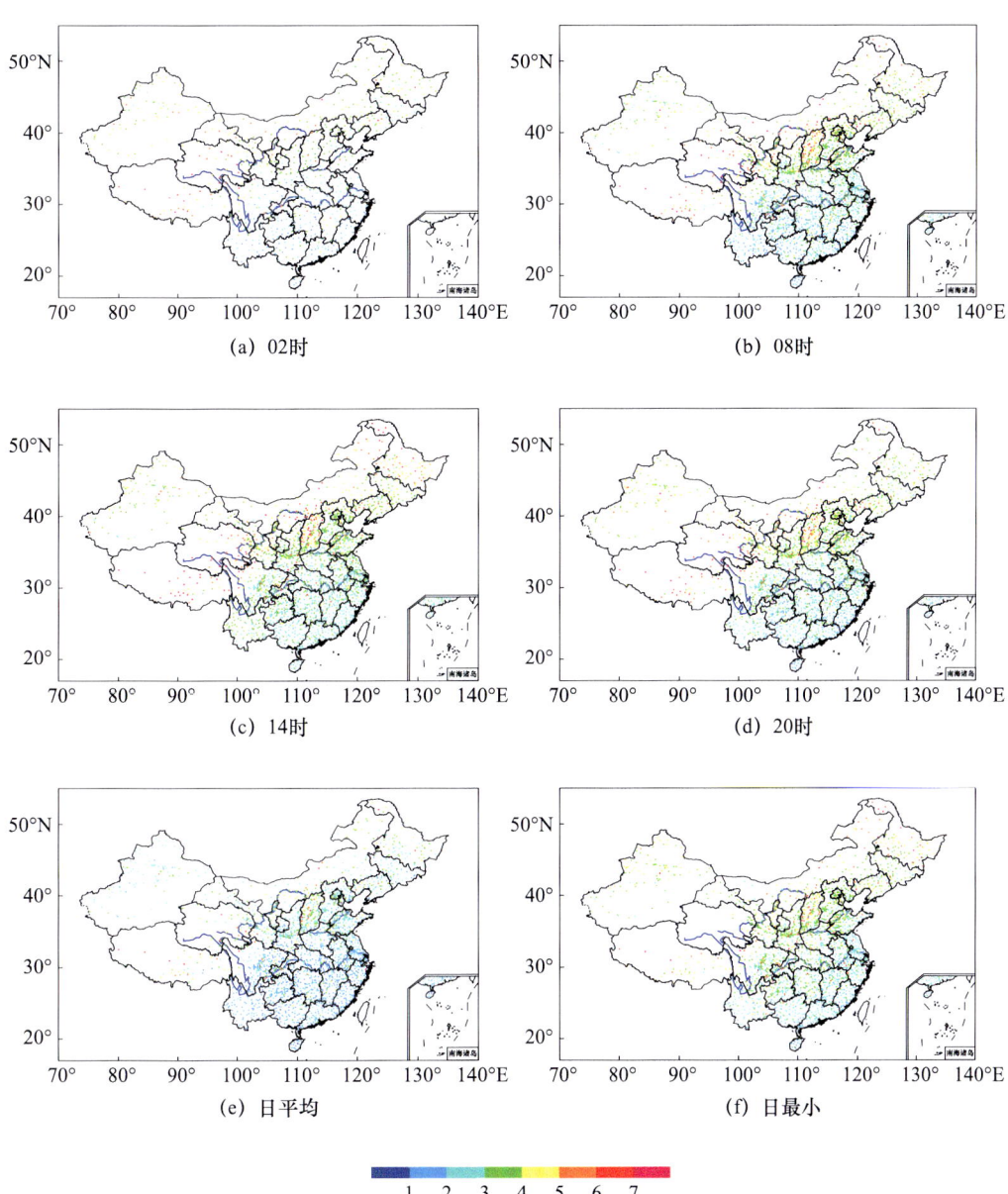

图 2.18 自动观测与人工观测相对湿度差值标准差(%)的空间分布

(02时仅对比基准站、基本站数据,台湾省资料暂缺)

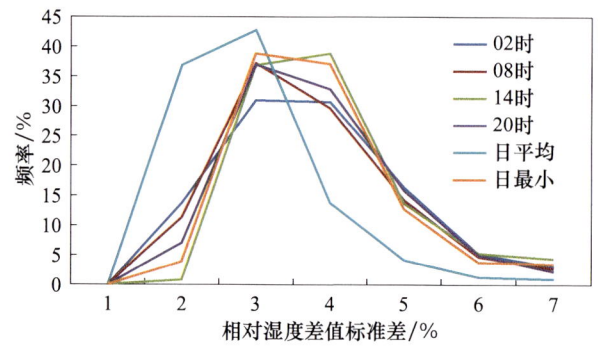

图 2.19　自动观测与人工观测相对湿度差值标准差的频率分布

2.2.3.4　不同条件下的相对湿度对比差值

表 2.15 给出了满足 18 种类型的气象条件下的样本数情况,可以看出符合中温微风条件的样本数相对最多,符合高温高湿大风的样本数最少。根据 18 种类型分类统计相对湿度对比差值的平均值、绝对值、标准差(表 2.15 和图 2.20)。从差值平均值看,除低温低湿微风条件下自动观测与人工观测相对湿度差值平均值为正,其余差值平均值均为负值。在相同的气温条件下,自动观测与人工观测相对湿度差值平均值随着湿度的降低而降低。在高温、中温条件下自动观测与人工观测相对湿度差值平均值随着风速的减小而增大,在低温条件下则相反。从差值绝对值看,自动观测与人工观测相对湿度差值绝对值低温条件下相对最大,其次是高温条件下,中温条件下相对最小。并且差值的绝对值在低温条件下,随着风速的降低而减小。从差值的标准差看,自动观测与人工观测相对湿度差值标准差随着气温的降低而增大。并且差值标准差在高温条件下,随着湿度的降低而减小;在低温条件下,随着风速的降低而减小。

表 2.15　不同条件下自动观测与人工观测相对湿度对比差值

序号	类型	样本数/个	平均值/%	绝对值/%	标准差/%
1	高温高湿大风	270	−4.1	4.8	4.0
2	高温高湿微风	3241	−4.2	4.7	3.7

续表

序号	类型	样本数/个	平均值/%	绝对值/%	标准差/%
3	高温中湿大风	17908	−2.9	3.6	3.5
4	高温中湿微风	113686	−4.0	4.5	3.4
5	高温低湿大风	4583	−1.7	2.7	3.2
6	高温低湿微风	12965	−3.0	3.5	3.1
7	中温高湿大风	68893	−1.9	3.2	3.6
8	中温高湿微风	1181708	−2.7	3.6	3.6
9	中温中湿大风	193155	−1.2	3.5	4.9
10	中温中湿微风	1224829	−2.3	3.8	4.4
11	中温低湿大风	73034	−0.4	3.3	4.6
12	中温低湿微风	146738	−1.8	3.5	4.5
13	低温高湿大风	1914	−5.0	5.8	5.9
14	低温高湿微风	34419	−3.9	4.8	4.7
15	低温中湿大风	13854	−4.4	6.0	6.3
16	低温中湿微风	85614	−2.2	4.7	5.8
17	低温低湿大风	665	−1.6	5.0	6.4
18	低温低湿微风	2252	0.9	4.8	6.1

2.2.3.5 小结

通过选取2001—2009年平行观测期第2年自动观测和人工观测的相对湿度数据，对2种观测方式得到的相对湿度对比差值平均值、绝对值、标准差以及不同气象条件下的对比差值进行统计分析，得到主要结论如下：

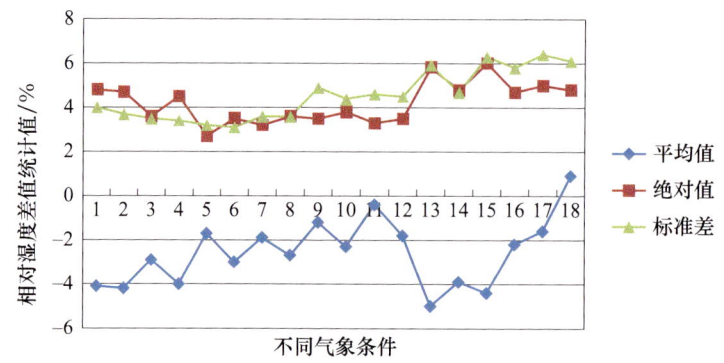

图 2.20　不同条件下自动观测与人工观测相对湿度对比差值分布

（1～18 为表 2.15 中不同气象条件）

（1）全国各气象站自动观测相对湿度相对于人工观测值偏低，全国各气象站相对湿度差值绝对值主要集中在(1%,5%]，约占全国所有气象站的 65%。其中，我国华北、长江中下游东部、青藏高原东部和南部、江南、华南等地差值绝对值相对较大。

（2）两种观测方式得到相对湿度差异存在季节变化，日最小相对湿度呈现夏半年差异相比冬半年更大，其余数据项均呈现冬半年差异相比夏半年更大。

（3）两种观测方式得到相对湿度差异易受气温、湿度、风等气象条件影响，并且受气温影响更大。两种观测的相对湿度差异，在低温条件下最大，其次是高温条件下，中温条件下相对最小。当气温低于 −10 ℃时，自动观测与人工观测之差相对气温在 −10 ℃以上更不稳定。这可能是当气温在 −10 ℃以下时，人工观测采用毛发湿度计导致的。

第3章 能见度自动观测与人工观测对比分析

3.1 基于8个国家基准气候站能见度数据的对比分析

3.1.1 数据及方法

3.1.1.1 数据来源

2012年,全国地面气象观测自动化业务综合试点包括北京、上海、江苏、浙江、安徽、湖北、重庆和广东8个省(直辖市)的8个气象站:北京站(54511)、上海宝山站(58362)、江苏东山站(58358)、浙江杭州站(58457)、安徽休宁站(58534)、湖北武汉站(57494)、重庆沙坪坝站(57516)、广东广州站(59287)。

3.1.1.2 观测方法

(1)自动观测能见度方法

能见度的自动观测是通过散射能见度仪测量采样区域的散射系数从而估算出气象光学视程,以米(m)为单位。自动观测输出1 min平均值、10 min平均值,由于观测方法限制,无法挑选能见度自动观测与人工观测完全一致的时间,而能见度在短时间内不会发生明显的跳跃性变化,因而选择能见度自动观测的正点10 min平均值与人工观测能见度进行对比,仅对有人工定时观测记录时次的能见度进行对比分析。为便于和人工观测能见度值比较分析,自动观测能见度值转换为以km为单位。

(2) 人工观测能见度方法介绍

人工观测能见度一般是指有效水平能见度。在地面观测场站四周不同方向、不同距离上选择若干固定能见度目标物作为观测能见度的依据。根据以观测场四周二分之一视野范围的"能见"的最远目标物和"不能见"的最近目标物,从而判定当时的能见距离。如某一目标物轮廓清晰,但没有更远的或看不到更远的目标物时,参考目标物的颜色、细微部分的清晰状况,人工确定目标物距离的扩大倍数来估计或者估判当前能见距离。人工观测能见度以 km 为单位,选取能见度具体观测时间为:每天 4 次(08 时、11 时、14 时、17 时)。

3.1.1.3 分析方法

(1) 自动观测数据与人工观测数据对比

对原始数据的时间序列变化情况和散点分布情况进行研究,了解观测数据质量,根据仪器运行情况,剔除仪器故障时的观测数据。

在地面气象观测中,根据《地面气象自动观测规范(第一版)》(中国气象局,2020)规定能见度仪在 $V \leqslant 1.5$ km 时最大允许误差 $\pm 10\%$,$V > 1.5$ km 时最大允许误差 $\pm 20\%$ 的本身特性,考虑到雾、沙尘暴等视程障碍现象人工观测能见度阈值小于 1 km,以及低能见度在预报和服务中更为重要。在考虑全部数据($V \leqslant 40$ km)的基础上,对能见度低于 20 km 的数据进行重点分析,并根据能见度的值进行分段[0,1]km,(1,3]km,(3,10]km,(10,20]km 以及将 $V \leqslant 10$ km 和 $V \leqslant 40$ km 对比分析。

在分段研究的基础上,区分雨类、雪类、无天气现象等不同天气现象进行讨论分析,研究不同天气现象条件对自动观测与人工观测能见度的影响。

(2) 自动观测与人工观测能见度数据对比差值分析

针对 2012 年 12 月—2013 年 7 月,8 个试点气象站的自动观测和人工观测数据进行对比差值分析。选取能见度低于 20 km 的数据,分析其自动观测与人工观测的相关性和对比差值情况。主要采用自动观测与人工观测数据对比差值的平均值即平均偏差(Bias)、对比差值的绝对偏差(Abs Bias)和相关系数(R)进行分析。

3.1.2 自动观测和人工观测能见度资料质量分析

首先通过对原始数据的时间序列变化情况和散点分布情况对比分析能见度低于 40 km 时间序列数据。

8 个气象站 2012 年 12 月—2013 年 7 月自动观测数据与人工观测数据时间序列变化见图 3.1。其中重庆沙坪坝站 2013 年 4 月、休宁站 2012 年 12 月 6—25 日能见度仪间断性故障,休宁站缺 11 时和 17 时人工观测能见度数据。

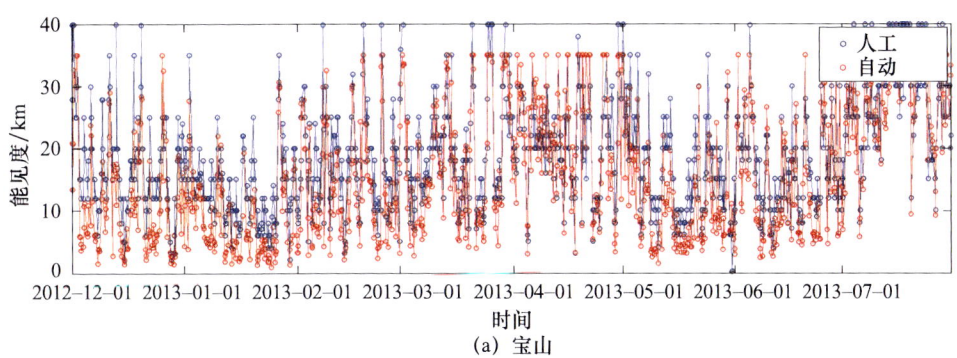
(a) 宝山

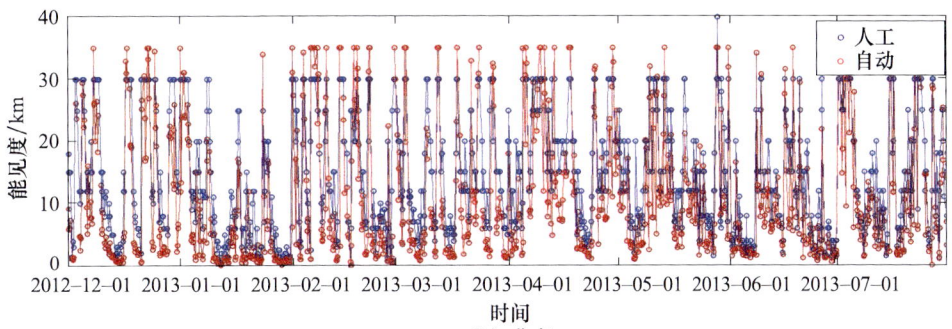
(b) 北京

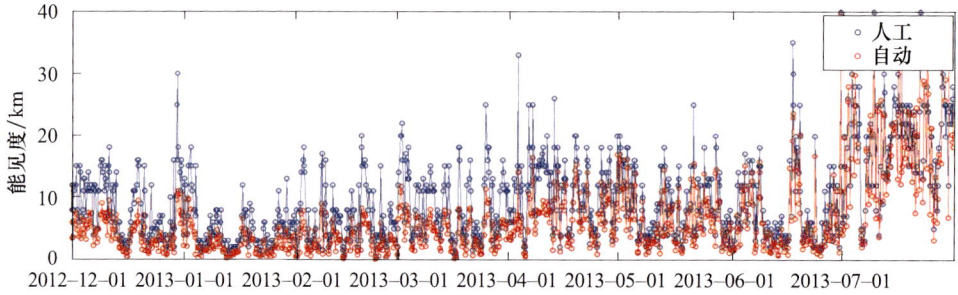

(c) 东山

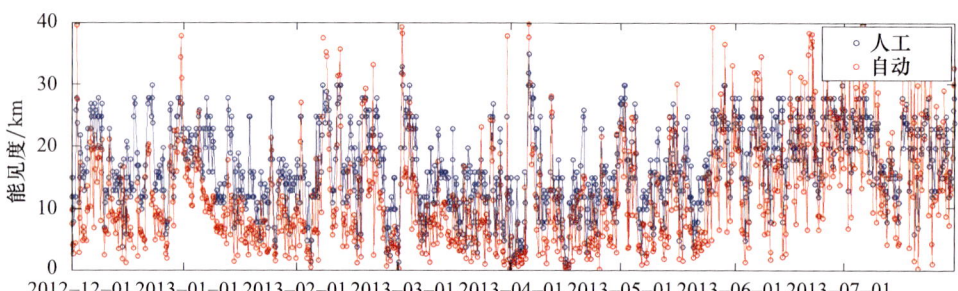

(d) 广州

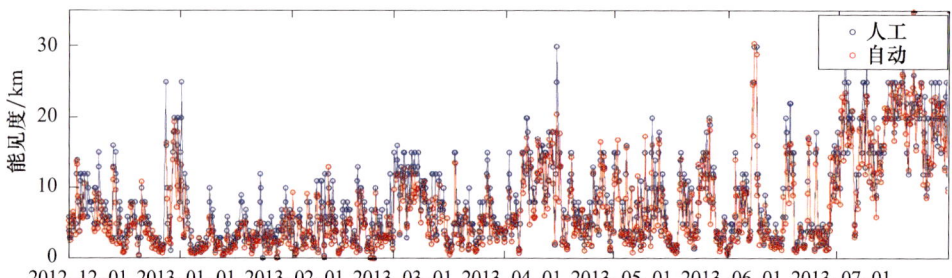

(e) 杭州

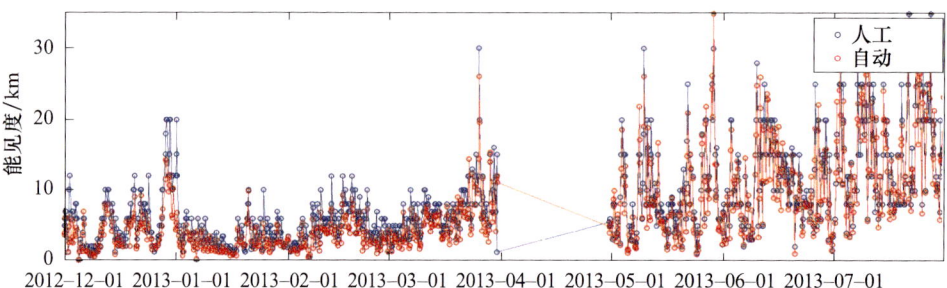

(f) 沙坪坝

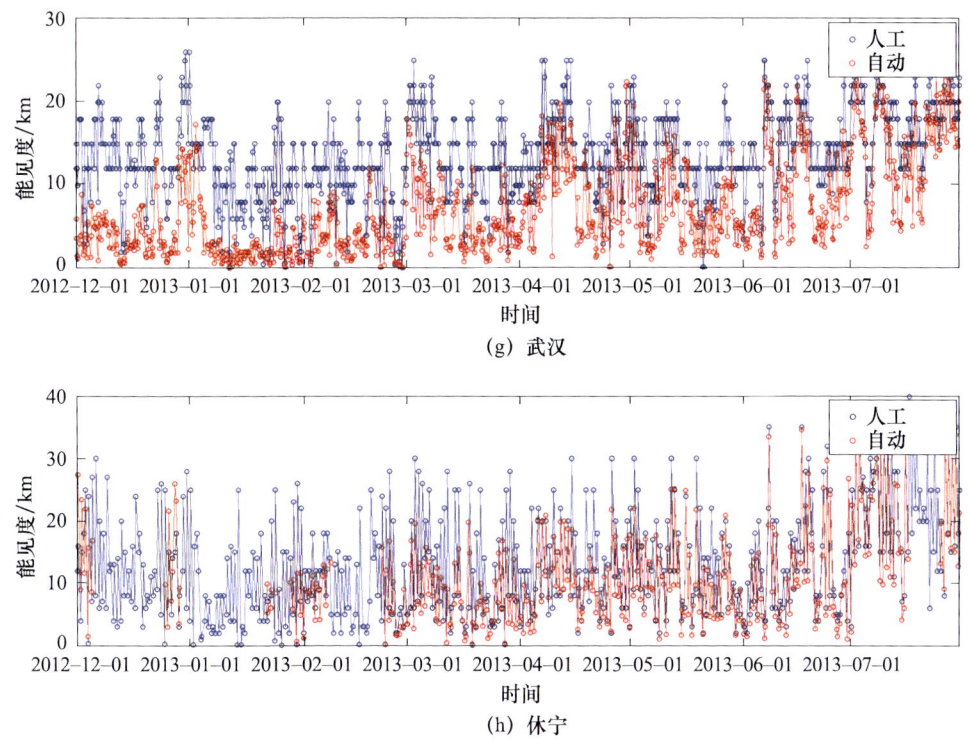

图 3.1 自动观测与人工观测能见度(低于 40 km)时间序列变化图

由以上时间序列图可以看出,各气象站人工观测能见度值高于自动观测能见度值,且在能见度较好时偏高明显;自动观测和人工观测能见度值变化趋势基本一致;自动观测能见度连续性较好,较人工观测能见度具有无可比拟的优势;数据分析表现出各气象站能见度有典型的季节变化。

3.1.3 自动观测和人工观测能见度数据对比差值分析

由于低能见度在预报和服务中更为重要,因此,重点分析能见度值低于 20 km 的数据。

对现有能见度观测数据进行质量控制,剔除部分误差较大数据,剔除方法:能见度自动观测值大于或者小于 8 倍以上能见度人工观测值的予以全部剔除,利用质量控制之后的数据进行对比分析。

3.1.3.1 不同气象站能见度对比差值分析

统计各气象站能见度观测值 10 km 以下观测数据,做散点分布图(图 3.2)。

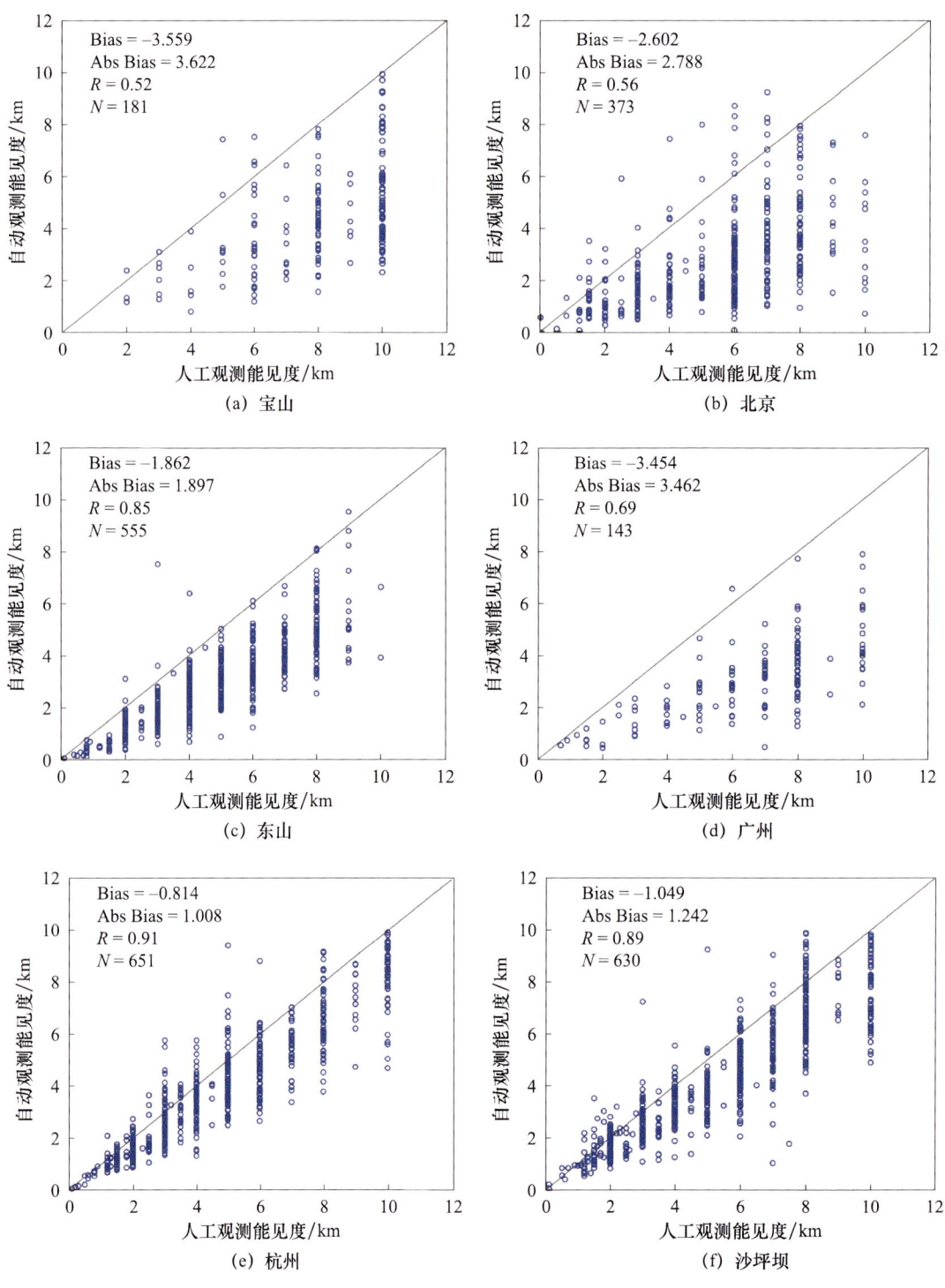

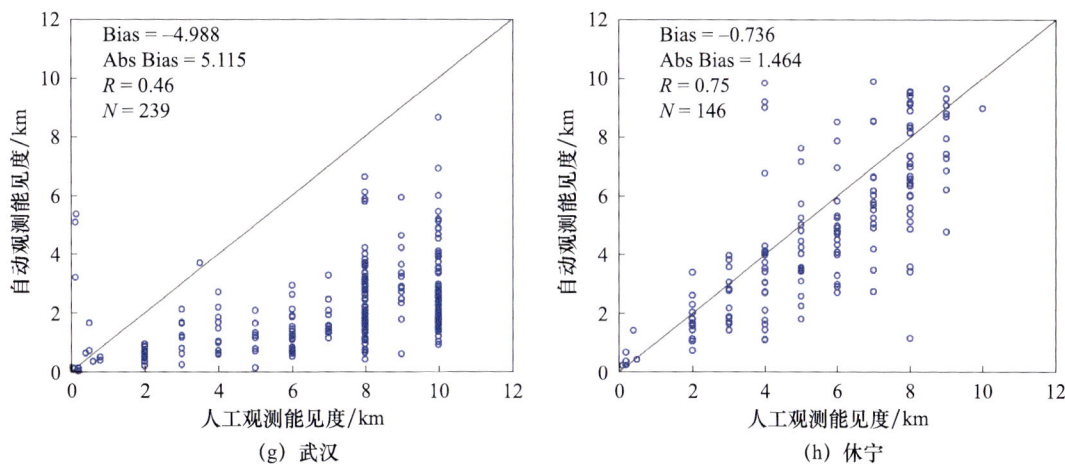

图 3.2　各气象站能见度低于 10 km 散点分布

通过各气象站能见度不高于 10 km 统计分析,由图 3.2 可以看出,各气象站自动观测能见度值相对于人工观测能见度值都存在一定对比差值,平均偏差在[−4.988,−0.736]km,绝对偏差在[1.008,5.115]km;所有气象站总体平均偏差为 −1.938 km,绝对偏差为 2.095 km,说明自动观测与人工观测存在一定对比差值,并且人工观测值一般大于自动观测值。从相关性来看,2 种观测的相关系数(R)在[0.46,0.91],其中杭州站与沙坪坝站 2 站 2 种观测方式数据相关性较好,其他气象站全部在 0.8 以下。

为了进一步分析各气象站的自动观测与人工观测能见度的对比差值偏差情况,将能见度值进行分段[0,1]km,(1,3]km,(3,10]km,(10,20]km 分别统计各气象站和总体情况的平均偏差、绝对偏差和相关性,见表 3.1~表 3.4。

表 3.1　各气象站自动观测与人工观测能见度对比差值的偏差(能见度为[0,1]km)

项目	宝山	北京	东山	广州	杭州	沙坪坝	武汉	休宁	总计
平均偏差/km	—	−0.031	−0.356	−0.174	−0.098	0.047	−0.088	0.158	−0.125
绝对偏差/km	—	0.307	0.356	0.174	0.112	0.123	0.200	0.181	0.208
相关系数	—	1.00	0.65	1.00	0.93	0.89	0.64	0.27	0.64
样本量/个	0	2	13	2	12	8	10	5	52

表 3.2　各气象站自动观测与人工观测能见度对比差值的偏差

(能见度为(1,3]km)

项目	宝山	北京	东山	广州	杭州	沙坪坝	武汉	休宁	总计
平均偏差/km	−0.780	−0.717	−1.060	−0.904	−0.473	−0.448	−1.426	−0.548	−0.641
绝对偏差/km	0.874	0.861	1.064	0.904	0.528	0.580	1.426	0.651	0.714
相关系数	0.30	0.21	0.36	0.43	0.71	0.51	NaN	0.37	0.44
样本量/个	8	50	124	10	198	147	5	19	561

表 3.3　各气象站自动观测与人工观测能见度对比差值的偏差

(能见度为(3,10]km)

项目	宝山	北京	东山	广州	杭州	沙坪坝	武汉	休宁	总计
平均偏差/km	−3.746	−2.317	−2.246	−3.775	−0.960	−1.181	−4.605	−0.539	−1.790
绝对偏差/km	3.554	2.682	2.331	3.792	1.255	1.412	4.613	1.477	2.039
相关系数	0.28	0.07	0.50	0.33	0.80	0.77	0.23	0.55	0.50
样本量/个	136	129	250	69	380	399	48	104	1515

表 3.4　各气象站自动观测与人工观测能见度对比差值的偏差

(能见度为(10,20]km)

项目	宝山	北京	东山	广州	杭州	沙坪坝	武汉	休宁	总计
平均偏差/km	−3.670	−3.653	−2.997	−3.719	−1.147	−0.833	−3.484	−2.431	−2.713
绝对偏差/km	3.990	4.038	3.152	3.865	1.660	1.798	3.737	2.533	3.094
相关系数	0.43	0.33	0.59	0.30	0.79	0.71	0.35	0.67	0.48
样本量/个	214	109	113	175	206	167	185	77	1246

从表 3.1～表 3.4 可以看出，在能见度为[0,1]km 时，平均偏差和绝对偏差都在 1 km 以内，说明自动观测和人工观测能见度对比差值很小；随着

能见度的增加,自动观测和人工观测能见度对比差值增大,这和实际情况也是相符的。在气象站设置能见度目标物时,距离近的目标物相对较多,且易判定其实际距离,观测员观测的能见度值就越接近真实;能见度仪本身特性也是在小能见度值时准确度较好。

3.1.3.2 不同能见度分段对比差值分析

分别对不同能见度[0,1]km,(1,3]km,(3,10]km,[0,10]km,(10,20]km,[0,40]km 所有气象站总体情况进行统计,见图 3.3 和表 3.5。

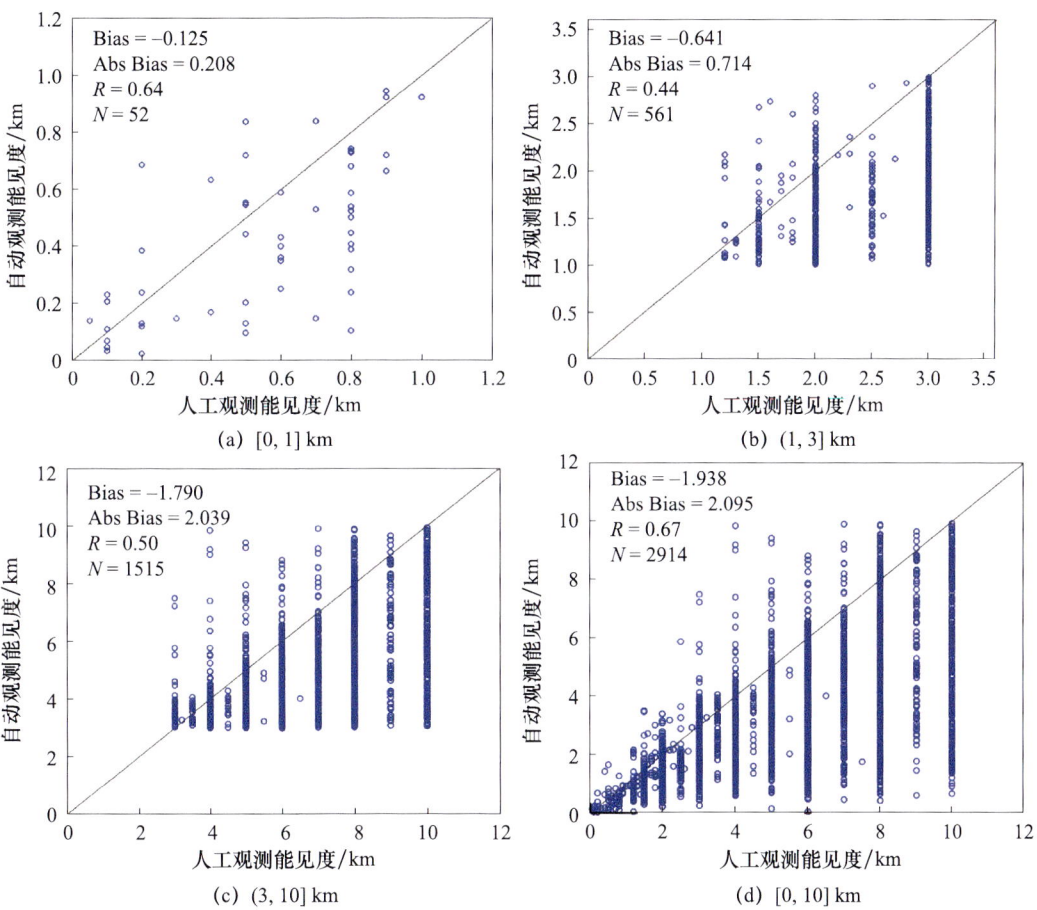

(a) [0, 1] km

(b) (1, 3] km

(c) (3, 10] km

(d) [0, 10] km

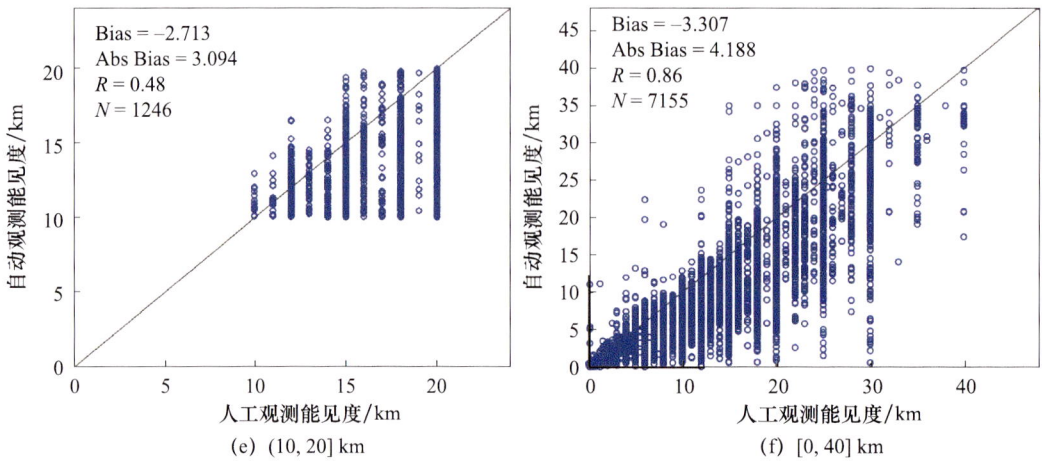

(e) (10, 20] km　　　　　　　　(f) [0, 40] km

图 3.3　不同能见度下所有气象站自动观测与人工观测能见度散点图

表 3.5　所有气象站自动观测与人工观测能见度对比差值的偏差

能见度/km	[0,1]	(1,3]	(3,10]	[0,10]	(10,20]	[0,40]
平均偏差/km	−0.125	−0.641	−1.790	−1.938	−2.713	−3.307
绝对偏差/km	0.208	0.714	2.039	2.095	3.094	4.188
相关系数	0.64	0.44	0.50	0.67	0.48	0.86
样本量/个	52	561	1515	2914	1246	7155

针对数据对比差值偏差情况进行统计,结果表明:能见度为[0,1]km,(1,3]km,(3,10]km,(10,20]km 和[0,10]km 时,平均偏差分别是−0.125 km,−0.641 km,−1.790 km,−2.713 km和−1.938 km,绝对偏差分别是0.208 km,0.714 km,2.039 km ,3.094 km 和 2.095 km,随着能见度值的增大,自动观测和人工观测对比差值偏差逐渐增大;能见度为[0,10]km 时总体相关系数为 0.67,[0,40]km 时总体相关系数为 0.86,与气象站 10 km 外能见度目标物较少、在能见度较好情况下目测一定程度上参考仪器观测有关。

3.1.3.3　不同时次能见度对比分析

针对能见度值在[0,10]km 观测数据,分析其不同观测时次(08 时、11 时、14 时、17 时)自动观测与人工观测的对比差值偏差情况。根据各气象站自动观测与人工观测的平均偏差的统计结果,自动观测能见度与人工观测能见度 4 个时次无明显规律特征,见图 3.4 和表 3.6。

表 3.6　各气象站自动观测与人工观测能见度的平均偏差(km)

时间	宝山	北京	东山	广州	杭州	沙坪坝	武汉	休宁
08 时	−3.325	−2.078	−1.82	−3.717	−0.700	−0.987	−4.967	−0.531
11 时	−3.393	−3.149	−1.854	−2.84	−0.812	−1.011	−4.846	—
14 时	−3.638	−2.679	−1.945	−3.138	−0.878	−1.102	−5.363	−1.643
17 时	−4.080	−2.578	−1.851	−3.781	−0.908	−1.132	−4.860	—

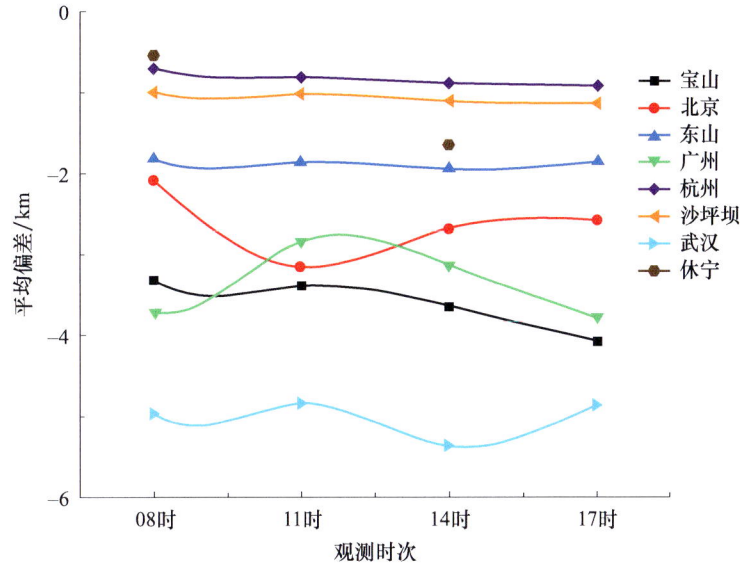

图 3.4　各气象站不同时次能见度平均偏差分布图

由于人工观测时次一天仅 4 次,难以将一天的变化规律表现出来。一般来讲,由于光照因素的原因,在日出或者日落时间会对人工观测造成一定影响,但从本次试验数据上看,由于观测时次的限制,难以表现出明显的规律。

另外,自动观测与人工观测的对比差值偏差和气象站的目标物以及观测员的观测习惯有关,因此,每个气象站在不同时次,观测偏差差别不大,北京站、广州站、宝山站不同时次差别的原因还需进一步分析。

3.1.3.4　不同天气现象条件下能见度对比差值偏差分析

为分析自动观测和人工观测数据在不同天气现象下的对比差值偏差情况,在 V≤20 km 时按无降水、雨类和雪类 3 种情况分别进行统计分析(图3.5)。统计分析结果表明:在有雪类或者雨类天气现象发生时,自动观测与人工观测平均偏差和绝对偏差结果反而比无降水时更小,但其相关性没有明显的变化。在没有降雪、降雨天气现象时人工观测能见度,由于视线不受遮挡会主观放大能见度,观测结果偏大一些,相反,当有降水现象发生时,由于视线受到遮挡,人工观测值会比实际能见度值偏小一些。在自动观测和人工观测对比的过程中,无雨雪时人工观测值往往会大于自动观测值;有降雨、降雪天气现象时,两者一致性较好。

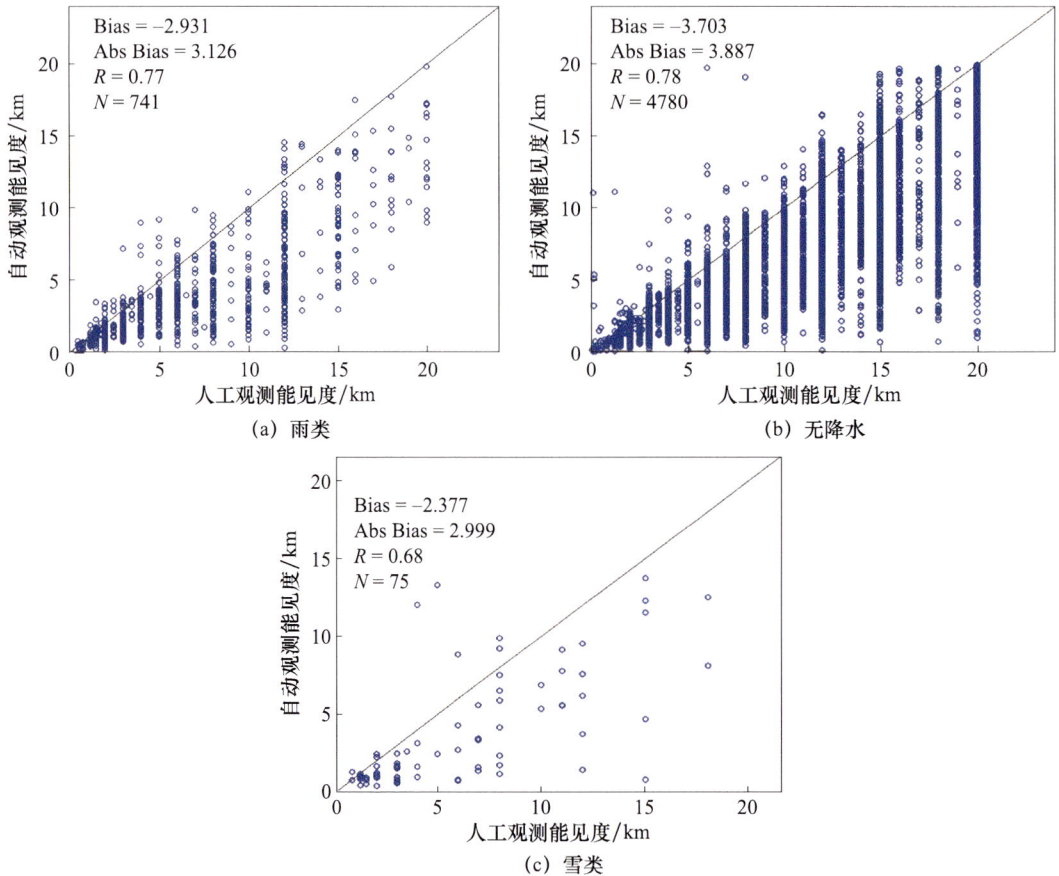

图 3.5　不同天气现象条件下自动观测与人工观测能见度(V≤20 km)散点图

3.1.3.5 不同地域环境对能见度观测的影响分析

本次对比试验站点共计 8 个气象站，有一定的区域代表性。其中华北地区选取北京站，华东地区有东山站、杭州站、宝山站和休宁站，华南地区选取广州站，华中地区选取武汉站，西南地区选取沙坪坝站。对不同区域的试验数据进行分析，研究结果表明：沙坪坝站自动观测与人工观测平均偏差和绝对偏差明显优于其他区域，其相关性也明显比其他区域更高。见图 3.6。

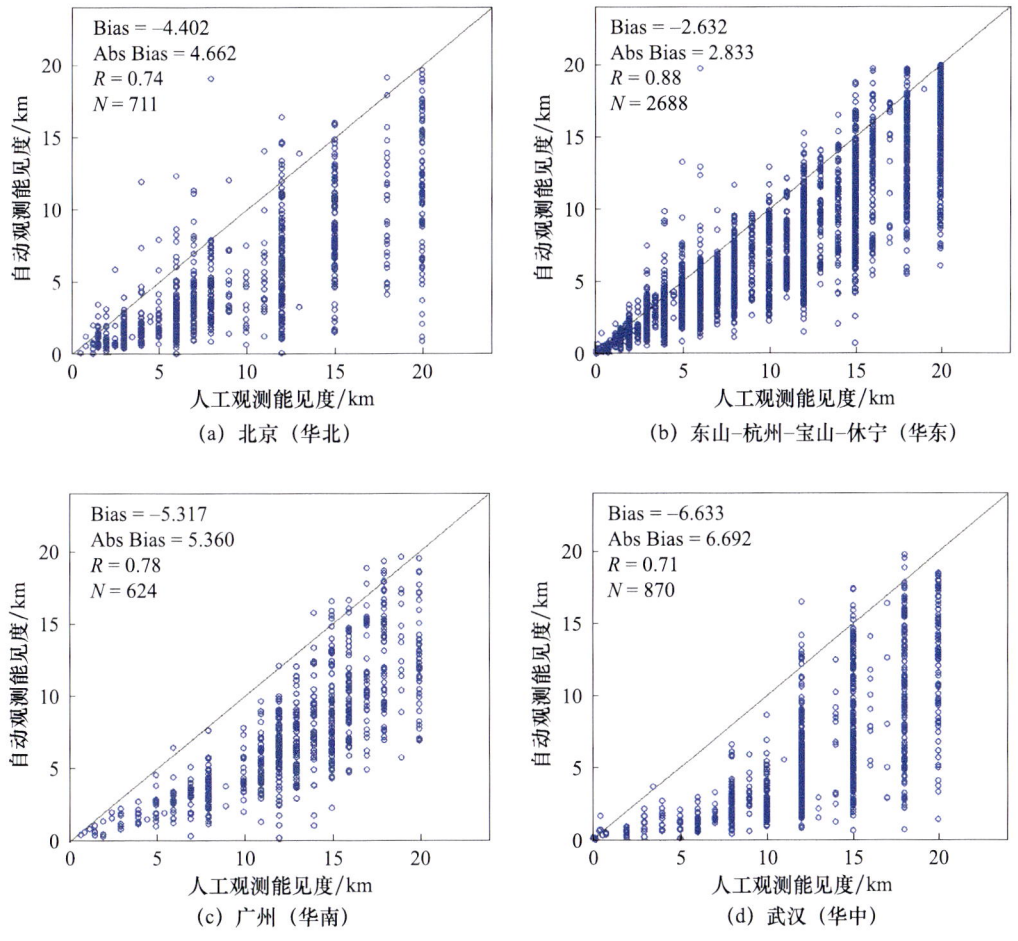

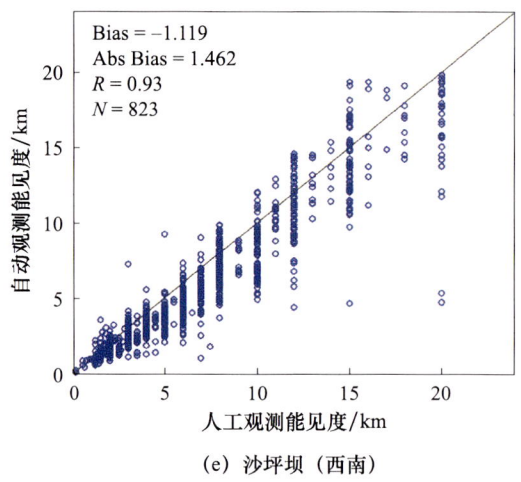

(e) 沙坪坝（西南）

图 3.6 不同地域环境自动观测与人工观测能见度（$V \leqslant 20$ km）散点图

3.1.3.6 所有气象站能见度观测对比差值频率分析

利用数据质量控制之后能见度低于 40 km 的数据，分析其自动观测与人工观测能见度对比差值（即：自动－人工）的频率分布，结果如图 3.7 所示。在 7149 个数据样本中，对比差值小于 0 的有 6089 个，约占 85.17%，对比差值大于 0 的有 1042 个，约占 14.58%，对比差值等于 0 的有 18 个，约占

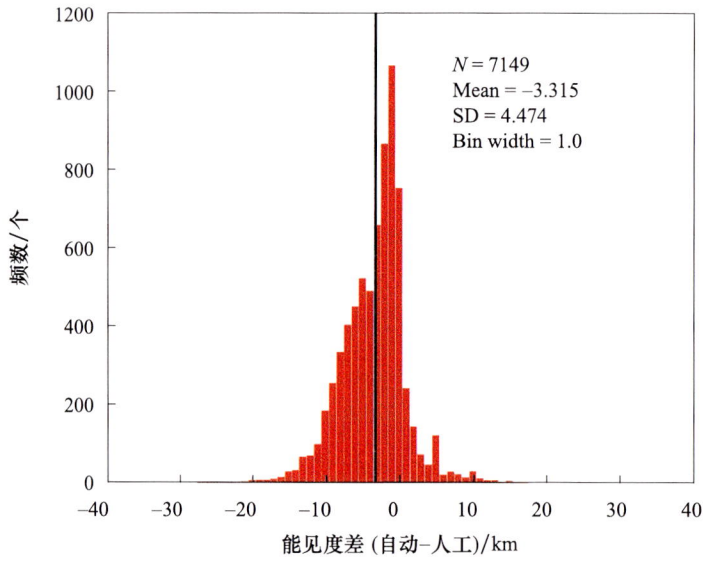

图 3.7 自动观测与人工观测能见度对比差值频数分布图

0.25%。对比差值频率大部分分布在小于 0 的区间,所以总体对比差值均值小于 0,即:自动观测能见度值一般小于人工观测能见度值。

3.1.4 结论与原因分析

3.1.4.1 主要结论

能见度自动观测假定大气是均匀的,利用观测到的采样区间的能见度情况推广到大片区域内,而能见度人工观测关注的是整个大气对视觉的障碍,且受到主观因素影响较大,这不可避免地造成自动观测与人工观测的差异。通过数据分析可以得出主要结论有:

(1)各气象站人工观测能见度值一般高于自动观测能见度值,两者变化趋势基本一致,自动观测能见度连续性较好,较人工观测能见度具有无可比拟的优势。在能见度低于 10 km 时,各气象站自动观测能见度值与人工观测能见度值具有相同趋势,但由于部分气象站数据较少,趋势不如样本多时明显。

(2)能见度在[0,1]km,(1,3]km,(3,10]km 和(10,20]km 时,平均偏差分别是 -0.125 km,-0.641 km,-1.790 km 和 -2.713 km,绝对偏差分别是 0.208 km,0.714 km,2.039 km 和 3.094 km,随着能见度值的增大,自动观测和人工观测能见度对比差值偏差逐渐增大;8 个气象站[0,10]km 总体平均偏差为 -1.938 km,绝对偏差为 2.095 km,相关系数为 0.67,总体的相关性还是比较好的;[0,40]km 时,平均偏差和绝对偏差分别是 -3.307 km 和 4.188 km,但是相关性比能见度小于 10 km 要略好。因此,对长期序列数据分析时,特别是对于能见度值较大的情况下,考虑到观测仪器对于人工观测值的影响,真实对比差值应大于以上统计值。

(3)不同的天气现象条件下,在有降水类天气出现时,自动观测与人工观测的平均偏差和绝对偏差结果反而比无降水现象时要好,其相关性没有明显差异。

3.1.4.2 原因分析

（1）观测方式造成的差异。自动观测能见度实时连续观测，比较客观，能见度值可靠性大，能连续实时反映当时的能见度情况；人工观测能见度的方式是观测员每隔 3 h 观测前 15 min 到观测时 0 min 之间进行观测，观测结果与观测人员本身的眼睛视力、能见度目标物清晰程度、倍数的估算、光源特性以及天空背景等有很大的关系，观测人员主观因素较大，可能造成观测记录值有较大误差。

（2）观测范围造成的差异。人工观测能见度是观测场四周视野大范围，是整个大气对视觉的障碍，平均估算判断；能见度自动观测仪假定大气是均匀，从小范围采样区采集数据代替广阔空间的能见度，也存在较大误差，两者因为观测区域范围存在较大差异，当真实能见度越好，自动观测和人工观测结果对比差值越大。

（3）观测算法造成的误差。人工观测能见度是根据辨别目标物的清晰程度或者光源强度进行推算估计，每次观测样本只有一个，另一方面，受气象站实际情况的影响，气象站近距离能见度目标物设置合理而较远的目标设置很少；自动观测能见度是采用 1 min 内有效采样样本的算术平均值进行滑动计算 10 min 平均能见度值作为正点能见度值。

（4）气象站目标物标识设置造成的误差。一是人工观测能见度目标物的设置方位、距离、目标物背景、目标物类型、观测时的天空条件等导致观测结果误差较大；二是受气象站所处的地理环境影响，近距离能见度目标物设置合理偏多而较远的目标设置很少且不均匀，也是导致两者观测差异较大的原因；三是随着经济、社会和城市规划发展，气象站周边建筑物逐渐增多，使得观测环境受到影响，导致人工观测目标物被遮挡，从而影响人工观测结果。

（5）仪器设备维护和外界因素干扰造成的误差。能见度仪的常规维护不规范、观测场割草、附近居民生活等会造成能见度观测结果的不连续和误差。

从上面对观测方式、观测范围、算法、仪器设备故障维护、设备检定和外界干扰因素等方面分析了自动观测和人工观测对比差值的原因,建议保留人工观测的气象站,尽量合理设置人工观测能见度目标物;定期或者不定期(每个月或者不同天气状况)开展自动观测能见度和人工观测能见度对比观测,减少主观因素的影响。尽快推进能见度计量检定技术的发展和业务化应用,定期检定和维护能见度仪。

3.2 基于 2400 多个国家气象站能见度数据的对比分析

基于能见度观测资料,将 2014 年实现自动观测的地面气象站能见度统计结果与仍保留人工观测的地面气象站进行对比,分析评估两者之间差异。

3.2.1 台站与数据

能见度数据来源于 2400 余个国家级地面气象站上报国家气象信息中心的 2000—2014 年地面月报数据文件。根据能见度数据的实有率,剔除这一期间数据整月缺测或缺测天数>6 d 的气象站,实际参与分析的气象站数为 2299 站(图 3.8)。

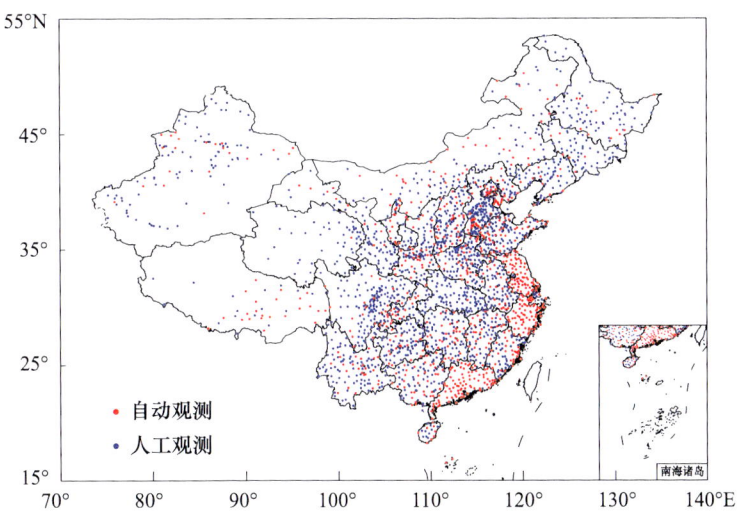

图 3.8 能见度观测气象站分布(台湾省资料暂缺)

基于上述气象站 2014 年地面月报数据文件，依据文件首行"观测项目标识"中能见度要素对应的标识位，筛选出 2014 年 1 月 1 日开始能见度采用自动观测的气象站。经统计，2014 年全年能见度均为自动观测的气象站数共计 759 个，分布在我国 31 个省（自治区、直辖市）。江苏、浙江、广东 3 省所有气象站已全部实现能见度自动观测。

3.2.2 数据处理与评估方法

3.2.2.1 数据处理

按照地面观测相关规定，一般站在夜间 02 时（北京时）不守班观测，因此，仅对 2299 站的 08 时、14 时、20 时定时观测能见度进行分析评估。

3.2.2.2 评估方法

(1) 能见度出现频率分析

按照《地面气象观测规范》（中国气象局，2003），当吹雪、雪暴、扬沙、浮尘、轻雾、霾、烟等视程障碍类天气现象发生时，会使得能见度降低到 10 km 以下，而沙尘暴、雾等天气现象发生时能见度会降低到 1 km 以下。因此，将基于观测资料统计各时次能见度分别小于 1 km、小于 10 km 的频率。

(2) 累积百分率分析

第 i 段区间能见度累积百分率定义为：某一年或某一段时间内，所有能见度观测值大于或等于区间 i 能见度值的次数与这一段时间总的能见度观测次数的比值（范引琪 等，2005）。能见度的累积百分率分布函数由下式给出：

$$\frac{n_i}{n} = \int_{v_i}^{\infty} f(v) \mathrm{d}v$$

式中，$f(v)$ 表示能见度概率密度函数，v_i 表示第 i 段的能见度，n 表示能见度总的观测次数，n_i 表示在 n 次观测中有 n_i 次能见度等于或超过 v_i 的值。因此，$n_i/n \times 100\%$ 表示第 i 段能见度的累积百分率。

一般认为累积百分率 10% 对应的是能见度高值，代表较好的能见度水平;90%对应的是能见度低值,代表较差的能见度水平(张利 等,2011)。能见度趋势就是与某一特定的累积百分率对应的能见度距离随时间的变化。

3.2.3 对比评估结果

3.2.3.1 小于1 km能见度频率变化

逐站逐年计算08时、14时、20时3个时次分别出现小于1 km能见度的频率,并将气象站分为2014年实现能见度自动观测的和仍保留人工观测的台站2类(以下简称自动站和人工站),求得2000—2014年期间逐年频率均值,如图3.9所示。可以看出,08时、14时、20时3个时次2类台站的逐年平均值存在一定的系统差异,分别为0.17%、0.09%、0.14%,但2014年两者之间的差值显著增大,分别扩大了约10.5、4.6、5.4倍。从15 a该频率的变化来看,人工站频率呈下降趋势,自动站频率在2000—2013年期间也随时间下降,但在2014年突增并达到15 a最大值。

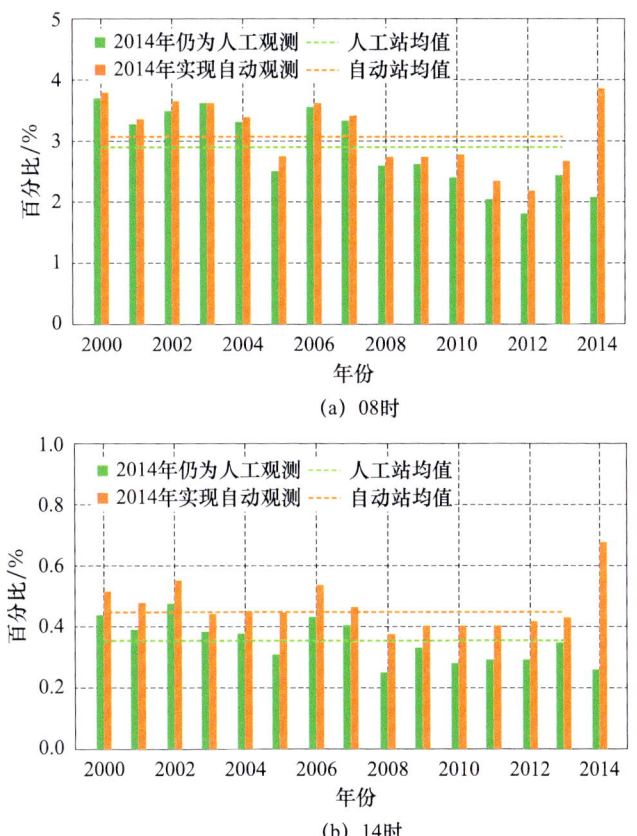

(a) 08时

(b) 14时

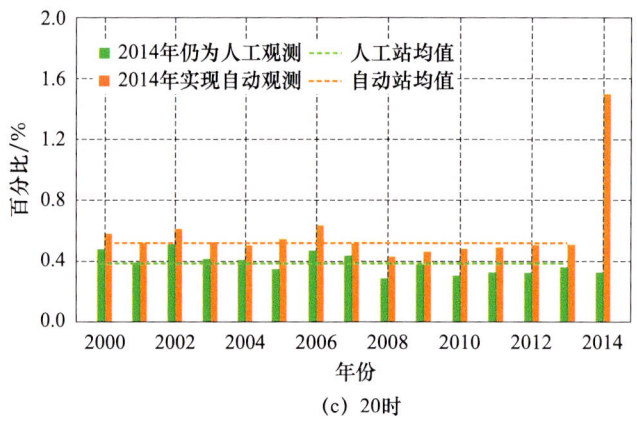

(c) 20时

图 3.9 小于 1 km 能见度出现频率均值逐年变化

此外,还可以看出,在参与分析的 3 个时次中,14 时出现小于 1 km 能见度频率是最低的,全国平均约为 0.39%,其次为 20 时,全国平均约为 0.43%。

3.2.3.2 小于 10 km 能见度频率变化

从图 3.10 小于 10 km 能见度的出现频率逐年变化也可以看出,2014 年 3 个定时时次自动站观测到低能见度事件显著增多,分别达到了 60.5%、31.6%、47.3%,比往年均值显著偏高,约是以往的 2 倍。同时,2014 年 2 类台站频率之差是往年平均差值的 8.3、8.5、12 倍。

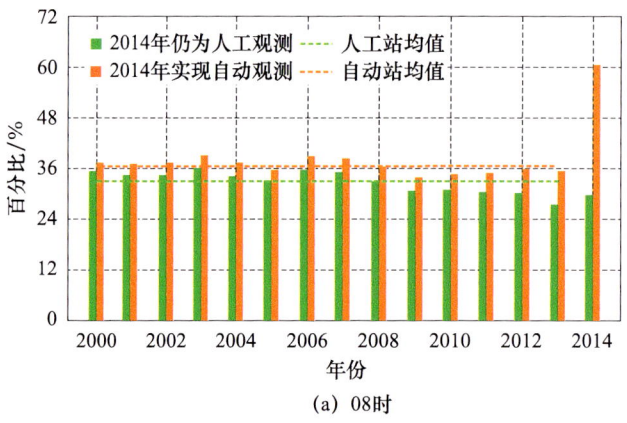

(a) 08时

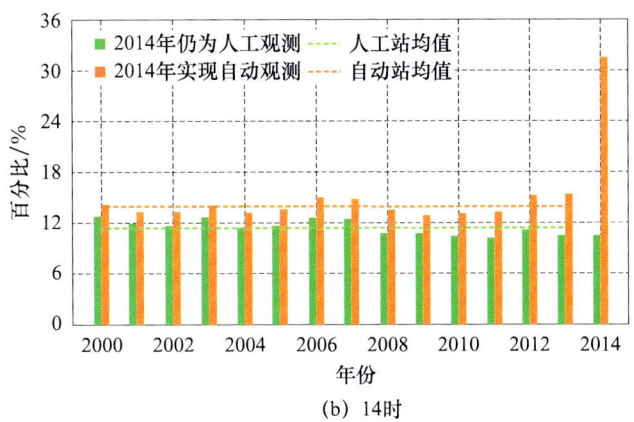

(b) 14时

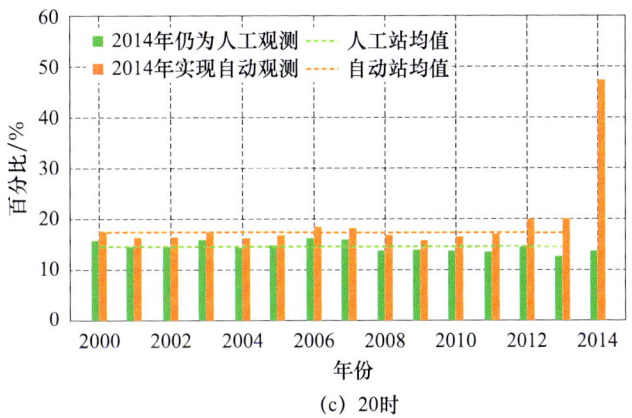

(c) 20时

图 3.10　小于 10 km 能见度出现频率均值逐年变化

同样,在参与分析的 3 个时次中,14 时出现小于 10 km 能见度频率也是最低的,全国平均约为 12.2%,其次为 20 时,全国平均约为 15.5%。

3.2.3.3　累积 90% 对应能见度变化

如前所述,累积 90% 对应的是较差的能见度。2000—2013 年 08 时、14 时、20 时 3 个时次,累积 90% 所对应的能见度平均约为 8.4 km,12.9 km,11.8 km,且人工站比自动站略高,为 1.4～1.9 km(图 3.11)。2014 年人工站统计值与历史均值基本相当,但自动站统计值明显偏低,分别为 3.4 km,7.1 km,4.5 km,只占以往均值的 38%～55%。

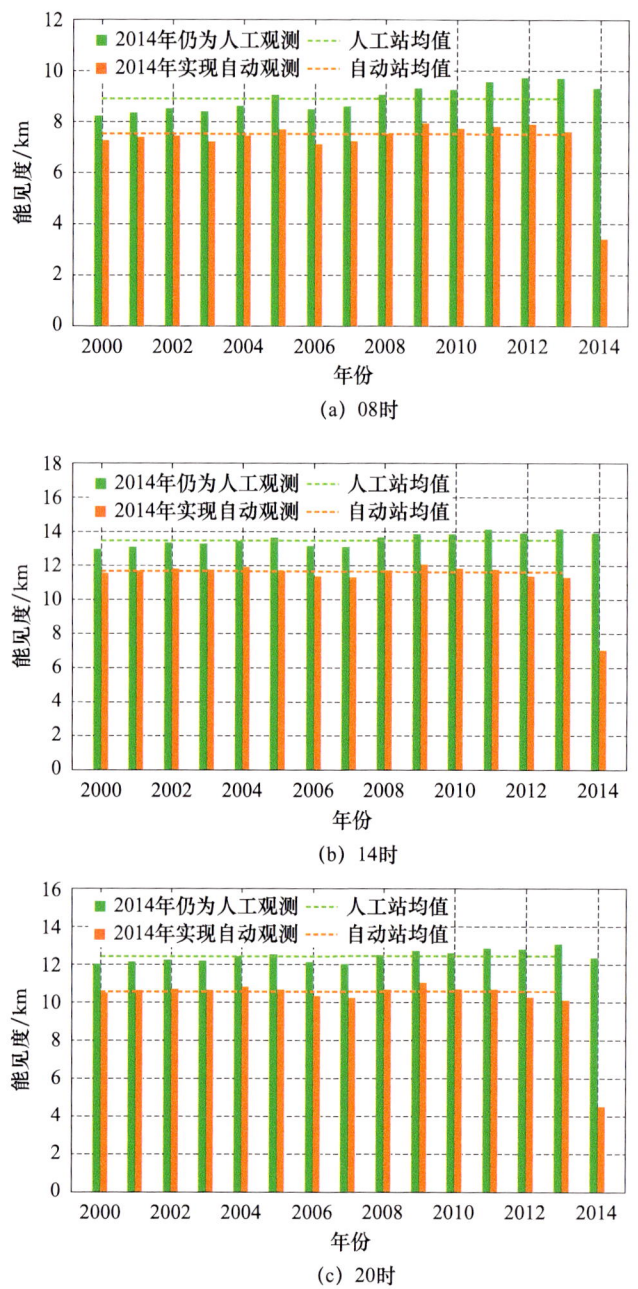

图 3.11 累积 90% 对应能见度逐年变化

3.2.3.4 累积 10% 对应能见度变化

累积 10% 对应的是较好的能见度,由图 3.12 可以看出 08 时累积 10% 所对应的能见度均超过了 22 km,14 时、20 时对应能见度值高于 08 时,分别超过了 28 km,24 km。3 个时次,人工站均比自动站略高,为 1.3~2.1 km。2014 年 08 时人工站、自动站统计值与往年基本相当,但略低于均值。2014 年 14 时、20 时人工站统计值也略低于均值,但自动站统计值高于均值。

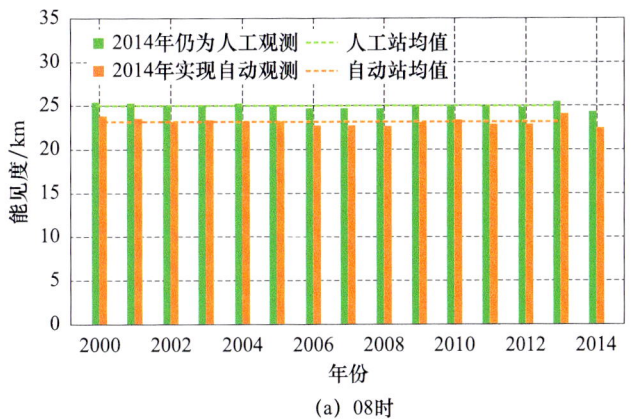
(a) 08时

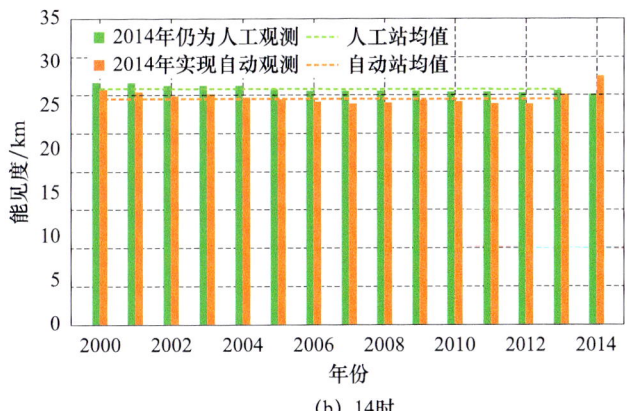
(b) 14时

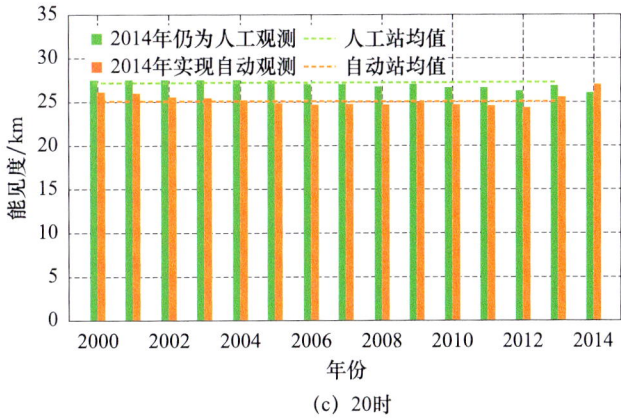
(c) 20时

图 3.12　累积 10% 对应能见度逐年变化

3.2.3.5 小结

利用全国 2299 站 2000—2014 年地面观测资料,对 08 时、14 时、20 时 3 个定时时次的能见度进行分析。将上述台站分为自动站和人工站 2 类,主要给出了小于 1 km 能见度频率、小于 10 km 能见度频率、累积 90% 对应能见度、累积 10% 对应能见度的逐年变化情况,并将 2 类台站的统计结果进行对比。结果表明:

(1)针对 08 时、14 时、20 时观测的能见度小于 1 km 频率、小于 10 km 频率统计表明,2000—2013 年人工站与自动站存在一定的系统差异,但差异相对恒定。2014 年两者差异显著增大,是往年均值的数倍,这主要是因为自动站观测的低能见度增多造成的。此外,累积 90% 对应的相对较差能见度的统计结果显示,2014 年自动站结果显著低于其历史均值。因此,自动站观测的能见度在低能见度段比人工观测显著偏小,如不加订正势必造成视障类现象的增多。

(2)从累积 10% 对应的较好能见度来看,自动站 2014 年统计结果与其历史均值、同年人工观测统计结果相比,差异不显著。

第4章 能见度自动观测对雾、霾、沙尘天气现象的影响分析

4.1 对雾、霾天气现象的影响分析

开展自动观测对雾、轻雾、霾现象序列的影响分析。霾、雾、轻雾日数基于 2000—2014 年 2418 个国家级地面气象站连续天气现象数据进行统计。统计时,某站某日连续天气现象中有霾(雾、轻雾)记录,则该日为霾日(雾日、轻雾日)。

4.1.1 2014 年全国雾、霾日数分布

2014 年霾、轻雾、雾日数全国分布如图 4.1～图 4.3 所示。霾日数超过 200 d 的气象站有 225 个,主要集中在京津冀、华北中部、江浙、四川东南部和广东中部。雾日数超过 60 d 的气象站为 191 个,分布较为分散,其中京津冀、陕西中部、长三角、安徽、重庆、四川东南部、云南西南部,雾日数较多。我国中东部地区,轻雾发生日数几乎均在 50 d 以上,其中江浙、长江中下游地区、重庆、四川东南部等地区轻雾日数较多,全国有 587 个气象站的轻雾日数超过 250 d。

4.1.1.1 全国平均值与历年值对比

2014 年全国平均霾、雾、轻雾日数分别为 58.7 d、19.5 d 和 152.7 d,2000—2014 年全国平均日数逐年变化如图 4.4 所示。对比可以看出,2014 年平均雾日数与往年差别不大,但平均霾和轻雾日数偏高,二者均为 2000—

2014年历年最高值,其中霾日数是2000—2013年均值的4.2倍。

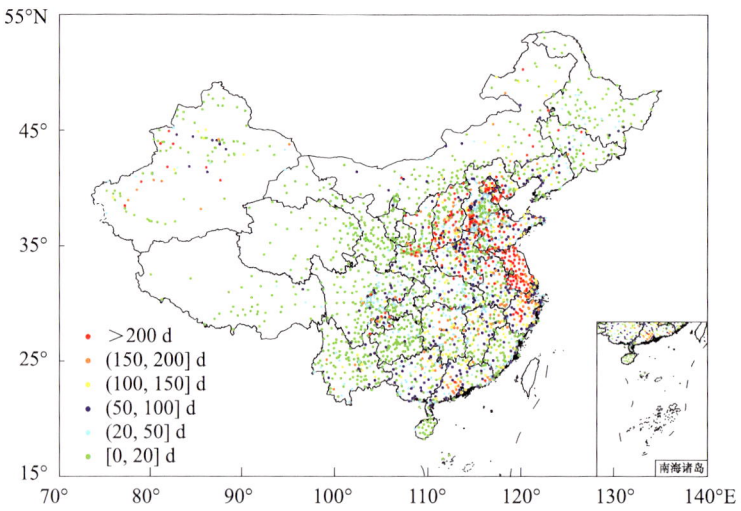

图4.1 2014年霾日数全国分布(台湾省资料暂缺)

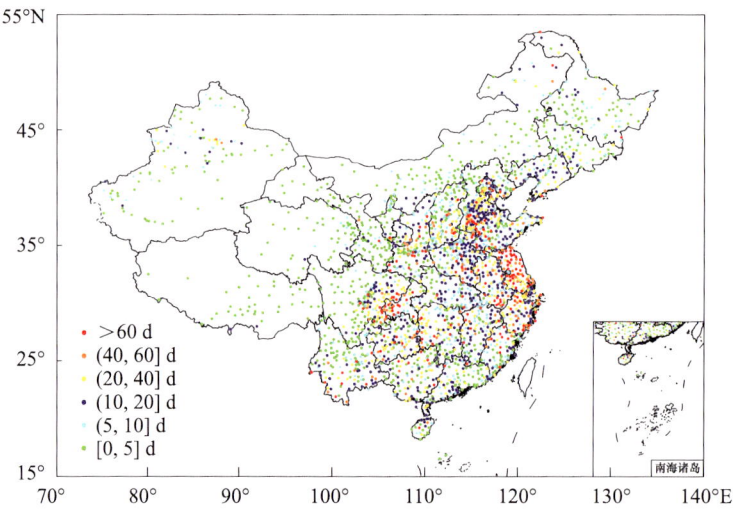

图4.2 2014年雾日数全国分布(台湾省资料暂缺)

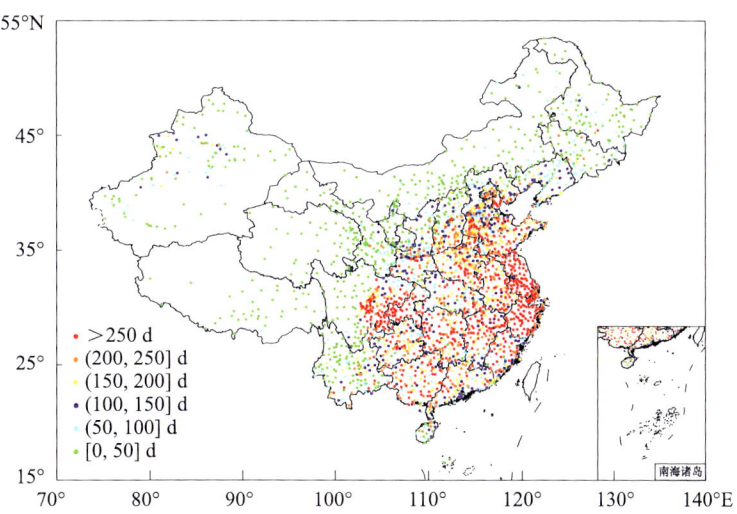

图 4.3　2014 年轻雾日数全国分布（台湾省资料暂缺）

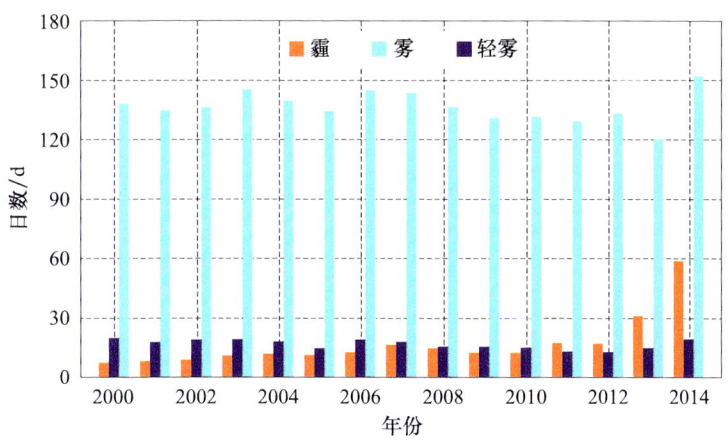

图 4.4　2000—2014 年霾、雾、轻雾日数逐年变化

4.1.1.2　各站雾、霾日数与历年值对比

考虑到 2013 年雾、霾观测有过短暂调整，因此，以各气象站 2008—2012 年霾、雾、轻雾年日数的平均值作为其累年值，计算了各气象站 2014 年霾、雾、轻雾日数与其累年值的距平和距平百分率，全国分布如图 4.5～图 4.7 所示。

2014年霾日数距平≥50 d的气象站共计662个,分布在除青海、甘肃、宁夏、海南、台湾以外的其余27个省(自治区、直辖市),主要集中在华北、长三角、华中、四川盆地、新疆北部,最大距平出现在辽宁建昌站,为318 d(累年均值为0)。7个气象站2014年霾日数距平≤-50 d,分布在广东(3站)、浙江(3站)、山西(1站)3个省。

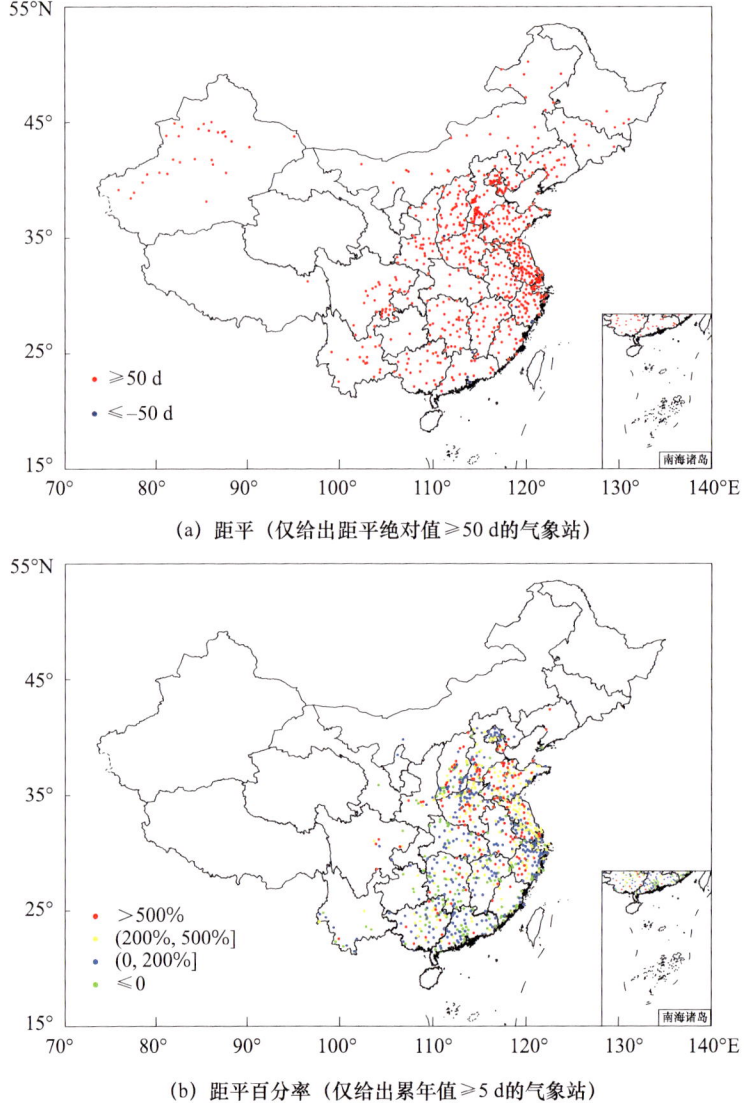

(a) 距平 (仅给出距平绝对值≥50 d的气象站)

(b) 距平百分率 (仅给出累年值≥5 d的气象站)

图4.5 2014年霾日数距平和距平百分率

2008—2012年累年霾日数≥5 d的气象站主要分布在中东部地区,共801个气象站。2014年霾日数距平百分率超过500%的气象站有145个,最大值出现在山西临汾站(累年值为5.6 d,2014年为317 d)。距平百分率小于等于0的气象站有148个,其中4个气象站2014年霾日数为0,其距平百分率为-100%。距平百分率介于±20%之间的气象站数为86个,约占统计气象站数的11%。

2014年雾日数距平≥50 d的气象站共计104个,主要分布在河南、江苏、山东、浙江、重庆等省(直辖市),重庆市南川站距平最大,为194.4 d(累年值为20.6 d)。未出现雾日数距平≤-50 d的气象站。

2008—2012年累年雾日数≥10 d的气象站共计1202个,2014年雾日数距平百分率大于0的气象站为559个,其中距平百分率超过500%的气象站有17个,最大值出现在浙江平阳站(累年值为14.8 d,2014年为170 d)。黑龙江和甘肃分别有2个气象站距平百分率为-100%。距平百分率介于±20%之间的气象站数为317个,约占统计气象站数的26%。

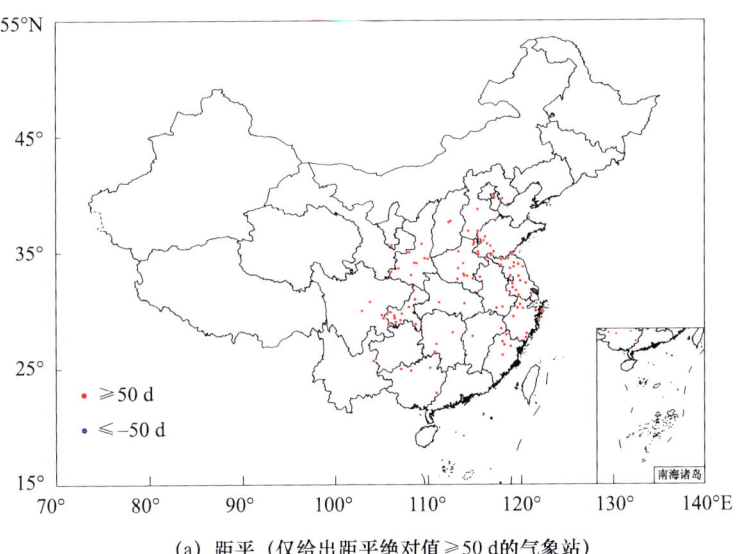

(a) 距平(仅给出距平绝对值≥50 d的气象站)

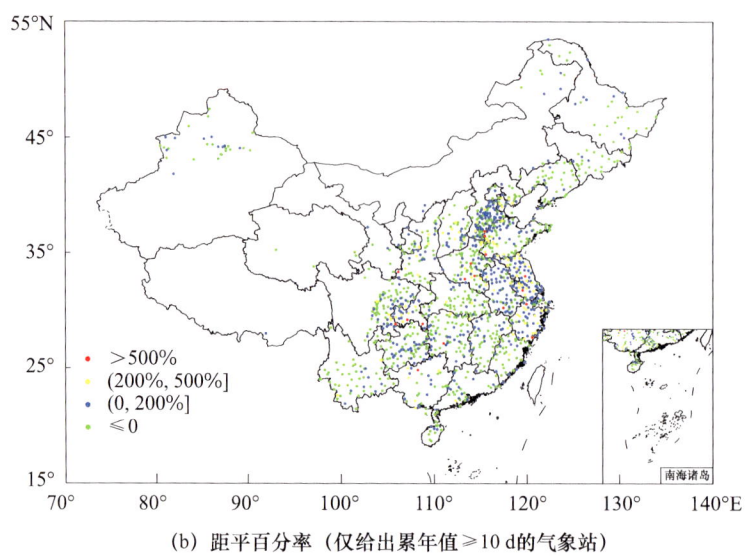

(b) 距平百分率（仅给出累年值≥10 d的气象站）

图4.6　2014年雾日数距平和距平百分率（台湾省资料暂缺）

2014年轻雾日数距平≥50 d的气象站共计615个，主要分布在中东部各省，广西田林站距平最大，为300 d（累年值为23 d）。轻雾日数距平≤-50 d的气象站共计214个，集中在河北、河南、湖北、四川、贵州等省，四川屏山站距平最小，为-205.8 d（累年值为263.8 d）。

2008—2012年累年轻雾日数≥10 d的台站共计2027个，2014年雾日数距平百分率大于0的气象站为1082个，其中距平百分率超过500%的气象站有23个，最大值出现在新疆乌兰乌苏站（累年值为12.8 d，2014年为232 d）。四川、云南和内蒙古分别有2个气象站、2个气象站、1个气象站距平百分率为-100%。距平百分率介于±20%之间的气象站数为812个，约占统计气象站数的40%。

若出现某气象站2014年霾日数距平＞50 d或距平百分率＞200%（2014年霾日数距平＜-50 d或距平百分率＜-200%），认为2014年霾日偏多（偏少），除此之外，认为霾日较累年值变化不大，轻雾日数统计同上，得到表4.1的统计结果。可以看出，2400余个国家级地面气象站中，55.46%的气象站霾和轻雾日数均较累年值变化不大，霾日数和轻雾日数均偏多或其一偏多其一变化不大的气象站比例约为35.4%，此外，还有7.9%的站霾日数变化不大，但轻雾日数偏少。

第 4 章 能见度自动观测对雾、霾、沙尘天气现象的影响分析 | 65

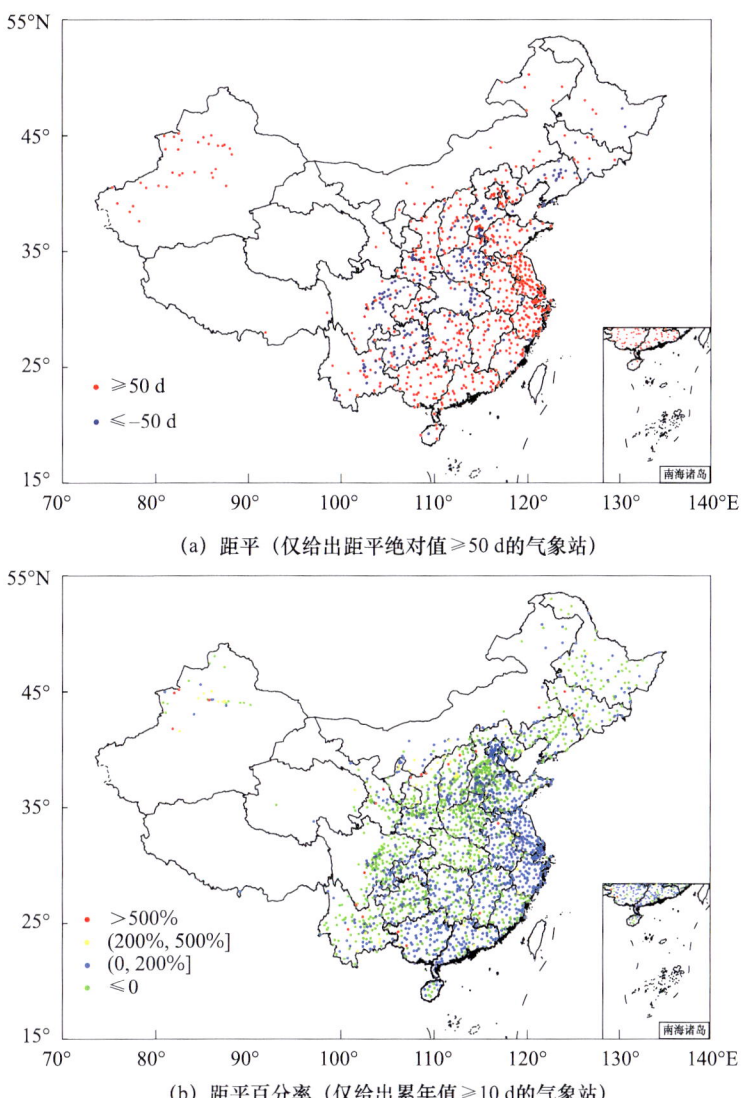

(a) 距平（仅给出距平绝对值≥50 d的气象站）

(b) 距平百分率（仅给出累年值≥10 d的气象站）

图 4.7 2014 年轻雾日数距平和距平百分率（台湾省资料暂缺）

表 4.1 2014 年霾日数、轻雾日数与累年值对比

2014 年霾日数、轻雾日数 与累年值对比	站数 /个	比例 /%	能见度自动站	
			站数/个	占自动站的比例/%
霾、轻雾均偏多	473	19.56	291	30.22
霾偏多、轻雾变化不大	240	9.93	90	9.34
霾偏多、轻雾偏少	24	0.99	5	0.52
霾变化不大、轻雾偏多	143	5.91	83	8.62

续表

2014年霾日数、轻雾日数与累年值对比	站数/个	比例/%	能见度自动站	
			站数/个	占自动站的比例/%
霾、轻雾均变化不大	1341	55.46	445	46.21
霾变化不大、轻雾偏少	190	7.86	44	4.57
霾偏少、轻雾偏多	2	0.08	2	0.21
霾偏少、轻雾变化不大	5	0.21	3	0.31
霾、轻雾均偏少	0	0	0	0

4.1.2 能见度自动观测对雾、霾数据的影响

基于对国家级地面气象站逐小时"自动观测能见度数据"的检测，2014年约有963个气象站逐步（非同期）实现了能见度自动观测，并上报小时数据。由表4.1统计结果可见，46.21%的自动站2014年霾、轻雾日数变化不大，该比例比2400余站统计结果低9.25个百分点，但30.22%的自动站2014年霾、轻雾日数均偏多，该比例比2400余站统计结果高10.66个百分点，可见自动站相对于全国平均霾、轻雾日数是偏多的。分别统计了自动站和人工站2000年以来的霾、雾、轻雾日数变化，如图4.8～图4.10所示。

图4.8　2000—2014年霾日数逐年变化

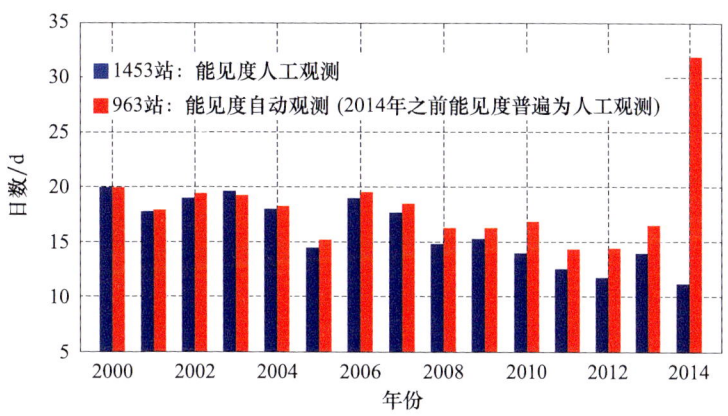

图 4.9　2000—2014 年雾日数逐年变化

图 4.10　2000—2014 年轻雾日数逐年变化

从图 4.8 可以看出,人工站 2000—2012 年霾日数平均为 9.6 d,2013 年和 2014 年比之分别增加了 1.5 倍、1.2 倍,而自动站 2000—2012 年霾日数平均为 17.0 d,2013 年和 2014 年比之分别增加了 1.5 倍、5.8 倍。2000 年自动站平均霾日数相比人工站高出 0.5 d,2000 年以后两者之差呈增大趋势,2012 年和 2013 年两者之差为 18.0 d,而 2014 年差值达到了 93.7 d。可见,不论是从同类站平均霾日数逐年变化趋势还是从 2 类站之间的相对变化来看,2014 年自动站霾日数增加显著。

从图 4.9 和表 4.2 的统计结果可以看出,2000—2013 年,自动站和人工站的平均雾日数均呈下降趋势,人工站相对自动站降幅更大。将 2000—

2014年的变化趋势与2000—2013年的变化趋势对比来看,人工站差异不大;但引入2014年统计结果,对自动站平均雾日数变化趋势影响较大,使得其由下降趋势变为上升趋势。再从自动站与人工站平均雾日数差值变化来看,2000—2013年差值均小于3.0 d,而2014年达到了20.7 d,差异明显扩大。

表4.2　2类气象站雾日数变化趋势

时间段	自动站 /d·10a^{-1}	人工站 /d·10a^{-1}
2000—2013年	−3.37	−5.65
2000—2014年	0.90	−5.86

对轻雾日数变化趋势的分析结果基本与雾日数一致,由于2014年自动站平均轻雾日数相比往年明显增多,使得其变化趋势由2000—2013年每10 a减少6.2 d,变为2000—2014年每10 a增加12.1 d。自动站与人工站平均轻雾日数差值,2000—2012年平均为9.8 d,2013年增加至22.8 d(即增加1.3倍),2014年两者之差为96.3 d,较以往平均差值扩大了8.8倍(图4.10)。

针对全国31个省(自治区、直辖市)能见度自动站2014年霾、雾、轻雾日数,相比2000—2013年均值变化情况,进行了统计。如果2014年日数与往年平均日数差值的绝对值在2倍标准差之内(标准差为2000—2013年霾、雾、轻雾日数标准差),认为与往年持平;如果两者之差大于2倍标准差且小于等于5倍标准差,认为比往年增加;如果两者之差大于5倍标准差,认为比往年显著增加,则各省(自治区、直辖市)统计结果如表4.3所示。

表4.3　各省(自治区、直辖市)能见度自动站2014年霾、雾、轻雾日数相比往年变化

省(自治区、直辖市)	自动站数/个	霾	雾	轻雾	省(自治区、直辖市)	自动站数/个	霾	雾	轻雾
北京	10	**	**	*	湖北	21	**	○	○
天津	10	**	*	*	湖南	31	**	*	**

续表

省（自治区、直辖市）	自动站数/个	霾	雾	轻雾	省（自治区、直辖市）	自动站数/个	霾	雾	轻雾
河北	33	**	*	**	广东	86	○	○	*
山西	32	**	**	**	广西	34	**	**	**
内蒙古	43	**	**	**	海南	10		○	
辽宁	28	**	○	○	重庆	25	**	**	*
吉林	10	**	○	**	四川	30	**	*	*
黑龙江	12	**	○	○	贵州	19	**	*	**
上海	12	○	○		云南	26		○	
江苏	70	*	**	*	西藏	25		○	
浙江	71	*	**	**	陕西	39	**	**	**
安徽	30	**	**		甘肃	15		○	
福建	30	**	*	**	青海	39	**	○	**
江西	30	**	**	**	宁夏	15	*	○	*
山东	41	**	**	**	新疆	56		○	**
河南	30	**	**	*					

注：○——与往年持平；*——比往年增加；**——比往年显著增加。

从表 4.3 可以看出，31 省（自治区、直辖市）能见度自动站 2014 年霾、雾、轻雾日数与往年均值之差未出现小于 2 倍标准差的情况。对于霾日数，仅上海、广东 2 省（直辖市）与往年持平，26 个省（自治区、直辖市）比往年显著增加。对于雾日数，13 个省（自治区、直辖市）与往年持平，11 个省（自治区、直辖市）比往年显著增加。对于轻雾日数，4 个省（直辖市）与往年持平，19 个省（自治区、直辖市）比往年显著增加。由各省（自治区、直辖市）的统计结果看,仅上海市霾、雾、轻雾日数与往年持平,辽宁、黑龙江、湖北 3 省的雾、轻雾日数与往年持平,广东霾、雾日数与往年持平。

4.1.3 小结

从全国平均来看,2014 年雾日数与往年持平,但霾日数、轻雾日数偏高,霾日数偏高尤为明显。将 2014 年实现能见度自动观测台站与仍保留能见度人工观测台站的霾、雾、轻雾日数分开统计,从 2000 年以来的变化趋势看,能见度自动站 2014 年平均日数均异常偏高,其中雾、轻雾日数与由人工站统计的日数呈反向变化趋势。针对 31 省(自治区、直辖市)能见度自动站的结果显示,分别有 26 个、11 个、19 个省(自治区、直辖市)霾、雾、轻雾日数比往年显著增加,仅上海市霾、雾、轻雾日数与往年持平。

4.2 对沙尘天气现象的影响分析

开展自动观测对沙尘暴、扬沙、浮尘现象序列的影响分析。沙尘暴、扬沙、浮尘日数基于 2000—2014 年 2418 个国家级地面气象站连续天气现象数据进行统计。统计时,某站某日连续天气现象中有沙尘暴(扬沙、浮尘)现象记录,则该日为沙尘暴日(扬沙日、浮尘日)。

4.2.1 2014 年全国沙尘日数分布

2014 年沙尘暴、扬沙、浮尘日数全国分布如图 4.11～图 4.13 所示。沙尘暴发生地区主要集中在我国西北省份,其中新疆南部、青海西部、内蒙古西部部分气象站观测的沙尘暴日数超过 5 d。2014 年我国北方各省份均出现过扬沙和浮尘天气,主要集中在新疆、青海、甘肃、内蒙古、宁夏等省(自治区)。南方个别站点也出现了扬沙和浮尘天气,但未超过 5 d。

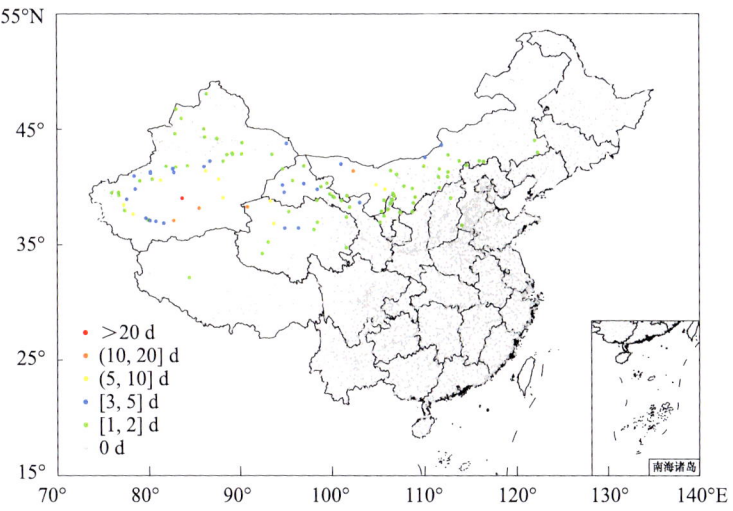

图 4.11　2014 年全国沙尘暴日数分布(台湾省资料暂缺)

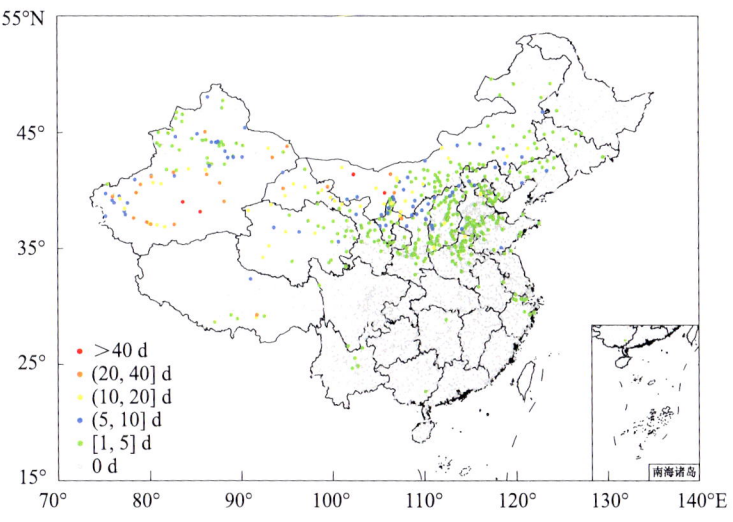

图 4.12　2014 年全国扬沙日数分布(台湾省资料暂缺)

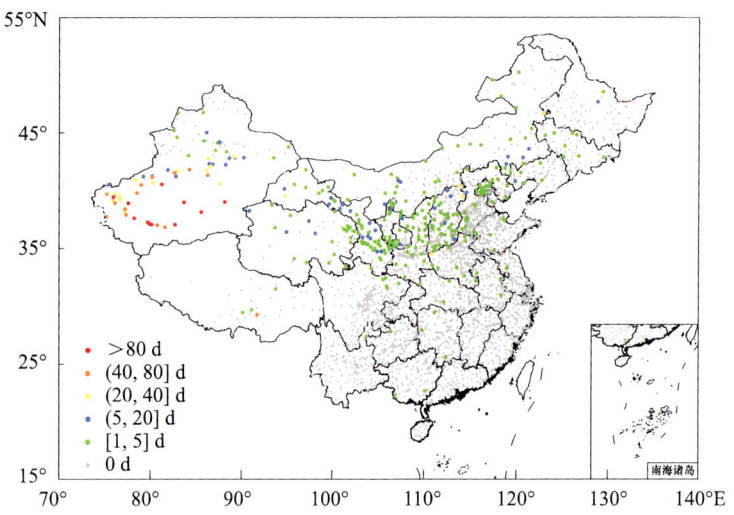

图 4.13　2014 年全国浮尘日数分布(台湾省资料暂缺)

4.2.2　2014 年沙尘日数与近 15 a 数据对比

2014 年全国平均沙尘暴、扬沙、浮尘日数分别为 0.15 d,1.16 d 和 1.49 d,2000—2014 年全国平均日数逐年变化如图 4.14 所示,可以看出 3 种沙尘天气现象年日数均呈减小趋势。从近 3 年对比来看,2014 年平均沙尘暴日数、浮尘日数均为最高值。

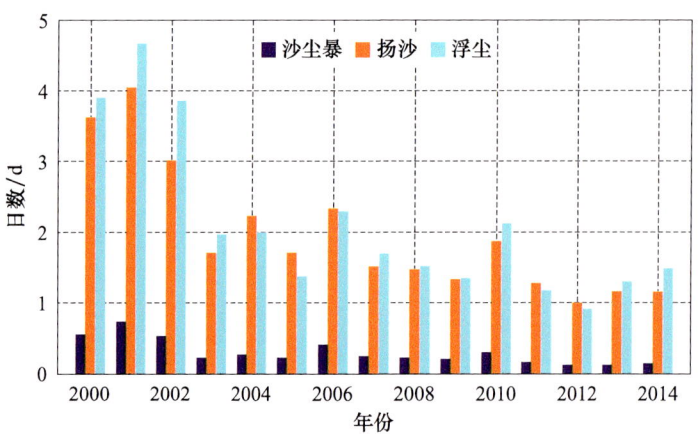

图 4.14　2000—2014 年沙尘暴、扬沙、浮尘日数逐年变化

4.2.3 能见度自动观测对沙尘数据的影响

基于对国家级地面气象站逐小时"自动观测能见度数据"的检测,2014年有963个气象站逐步(非同期)实现了能见度自动观测,并上报小时数据。分别统计了自动站和人工站2000—2014年沙尘暴、扬沙、浮尘日数变化,如图4.15~图4.17所示。

图4.15　2000—2014年沙尘暴日数逐年变化

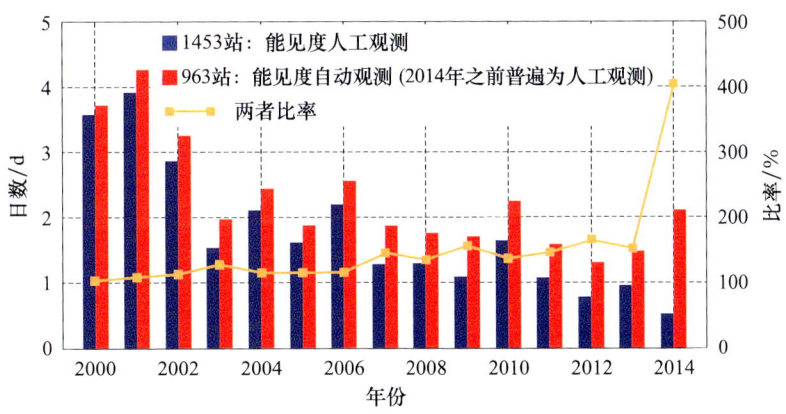

图4.16　2000—2014年扬沙日数逐年变化

从图4.15看出,历年自动站平均沙尘暴日数均高于人工站,两者之差的最大值出现在2001年为0.35 d,2014年差值为0.20 d,两者的比率呈增大趋势,2014年约为400%。

历年自动站平均扬沙日数也均高于人工站(图4.16),2000—2013年两者之差平均为 0.43 d,2014 年增至 1.60 d,两者比率在 2014 年也超过了 400%。

图 4.17　2000—2014 年浮尘日数逐年变化

2000—2012 年人工站平均浮尘日数高于自动站(图 4.17),而从 2003 年开始自动站平均浮尘日数相对较高,2014 年两者之差为 1.95 d,两者比率为 372%。

图 4.18～图 4.23 给出了部分省(自治区)沙尘暴、扬沙、浮尘日数逐年变化。新疆自动站平均沙尘暴日数与人工站日数之差在 2014 年达到最大,为 1.95 d(图 4.18)。内蒙古、新疆自动站平均扬沙日数与人工站日数之差在 2014 年达到最大,分别为 6.48 d(图 4.19)和 10.29 d(图 4.20),山西、宁夏 2 省(自治区),历年扬沙日数一般为人工站偏高,而 2014 年为自动站偏高(图 4.21,图 4.22)。新疆自动站平均浮尘日数与人工站日数之差在 2014 年也达到最大,为 20.32 d(图 4.23)。

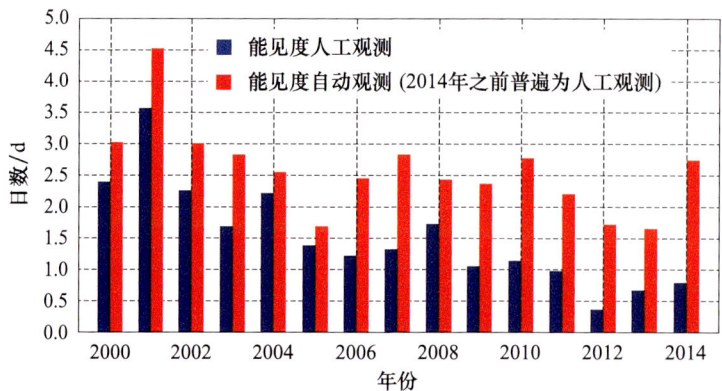

图 4.18　2000—2014 年新疆沙尘暴日数逐年变化

第4章 能见度自动观测对雾、霾、沙尘天气现象的影响分析

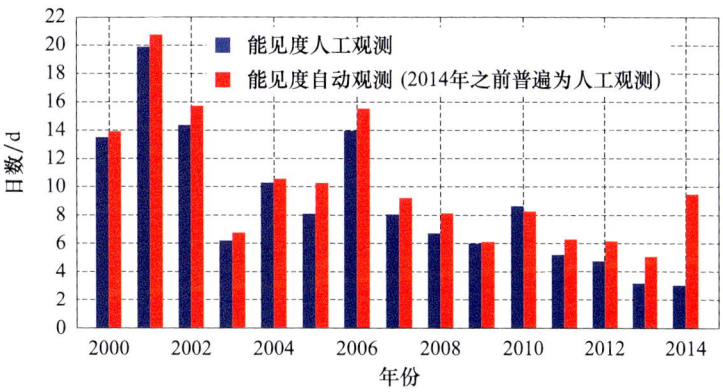

图 4.19　2000—2014 年内蒙古扬沙日数逐年变化

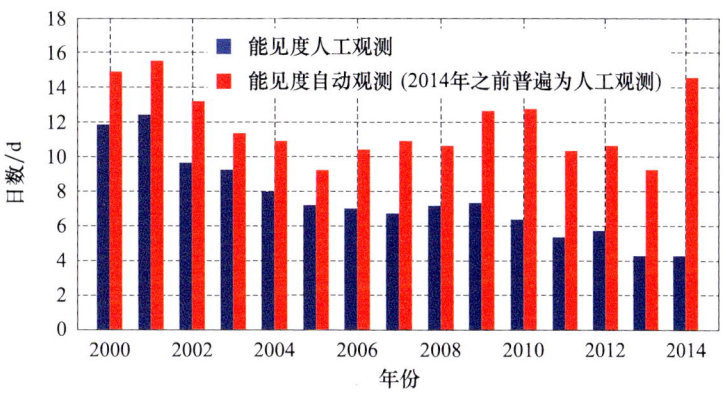

图 4.20　2000—2014 年新疆扬沙日数逐年变化

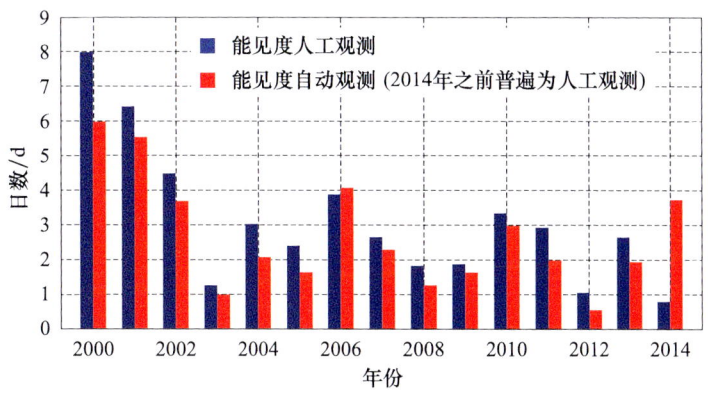

图 4.21　2000—2014 年山西扬沙日数逐年变化

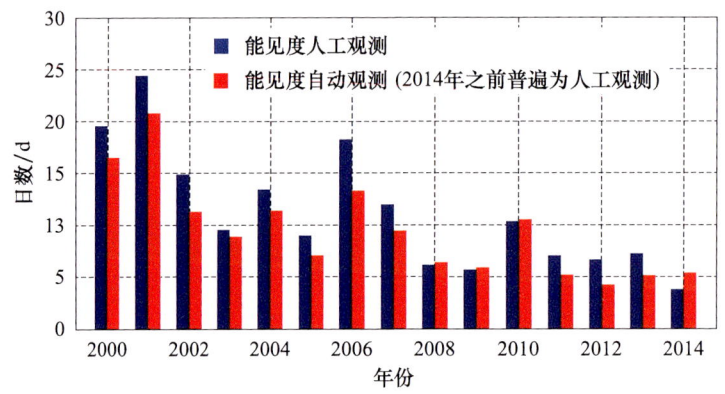

图 4.22 2000—2014 年宁夏扬沙日数逐年变化

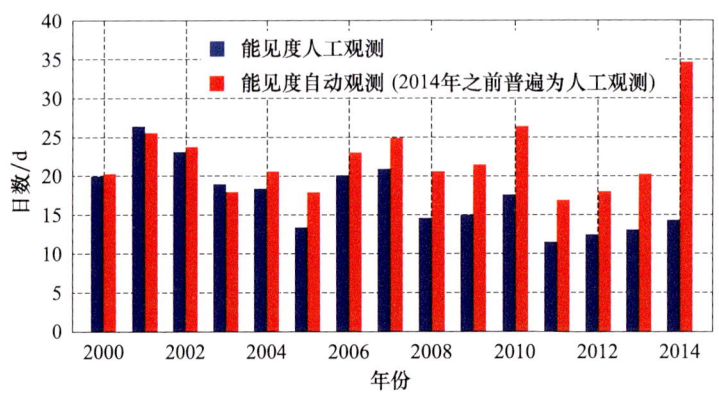

图 4.23 2000—2014 年新疆浮尘日数逐年变化

4.2.4 小结

从全国平均看,2014 年沙尘暴日数、浮尘日数是 2012—2014 年的最高值。根据 2014 年是否采用能见度自动观测,将国家级地面气象站分为 2 类,分别统计沙尘暴、扬沙、浮尘逐年平均日数,并计算了两者的年均日数比率。从 2000—2014 年的变化趋势看,3 种天气现象的比率均呈增加趋势,且均在 2014 年达到最大,接近或超过 400%。特别是扬沙和浮尘现象比率,在 2013 年前变化趋势相对平缓,2014 年出现显著跳变。在我国沙尘天气多发地区,特别是新疆,自动站观测到的沙尘日数与人工站日数之差,在 2014 年达到最大。能见度自动观测造成我国西北部分台站沙尘日数异常偏高。

第 5 章　地面自动化观测资料均一化订正技术优化及应用

随着地面气象观测系统的逐渐完善,自动气象观测逐步取代人工观测。自动气象站的观测原理、观测方法与人工观测相比均发生了很大变化,这种观测仪器之间的差异对历史气象资料均一性必然存在影响,在气象业务应用和科学研究时需要考虑气候序列均一性检验。本章检验了中国 2413 个国家级地面气象站人工观测转自动观测历史序列数据的均一性,重点分析了人工观测同自动观测的连续性并完成了资料序列订正。

5.1　数据及方法

5.1.1　相对湿度资料及预处理

数据源为中国气象局国家气象信息中心发布的"中国国家级地面气象站基本气象要素日值数据集(V3.0)"中包含的 2479 个地面气象站相对湿度逐日资料,时间长度为 1951 年 1 月 1 日—2014 年 12 月 31 日,以%为单位。该数据源经过了气候界限值和允许值检查、气象站极值检查、定时值、日平均值与日极值间内部一致性检查、时间一致性检查、空间一致性检查及人工核查与更正。

均一性检验的对象为 2479 个站 1951—2014 年的月平均相对湿度,月平均值由逐日平均相对湿度计算得到,缺测值和错误值均不参加计算,根据地面观测规范,当缺测值和错误值总数少于 7 d 时进行月平均计算,否则该月资料缺测。

资料缺失会对均一化结果造成影响,而资料长度过短则会导致统计方法无法对其进行检验,因此,选择资料连续缺测少于 20 年、序列长度大于 5 年的 2413 个气象站开展均一性检验。图 5.1 给出了参与均一性检验的 2413 个台站的空间分布。

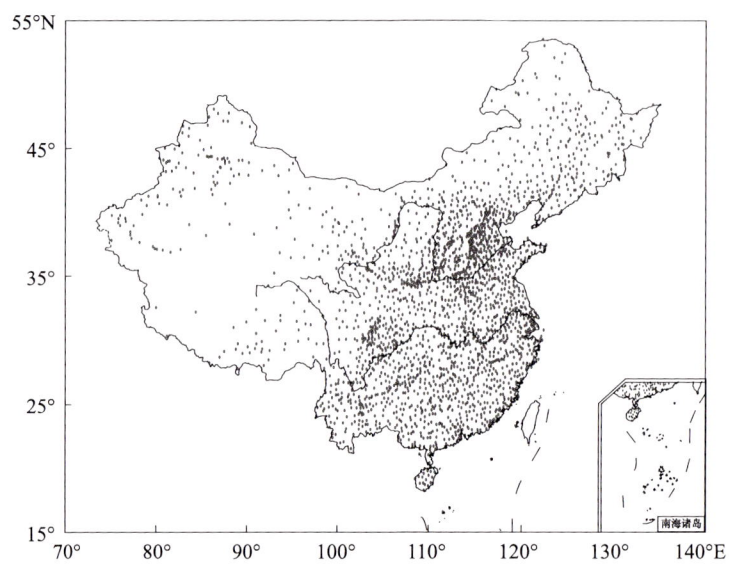

图 5.1　2413 个国家级地面气象站空间分布(台湾省资料暂缺)

5.1.2　元数据分析

使用的自动观测业务化时间等元数据信息来源于"中国地面气象站元数据数据集(V1.0)",由国家气象信息中心收集各省(自治区、直辖市)上报的中国地面气象站历史沿革信息整理完成。图 5.2 是根据元数据里记载的气象站自动观测业务化的时间统计得到的逐年自动化的气象站数。由图可知,我国自动观测业务化始于 2000 年,在 2004—2005 年达到高峰期,到 2012 年全国台站已基本实现自动观测。

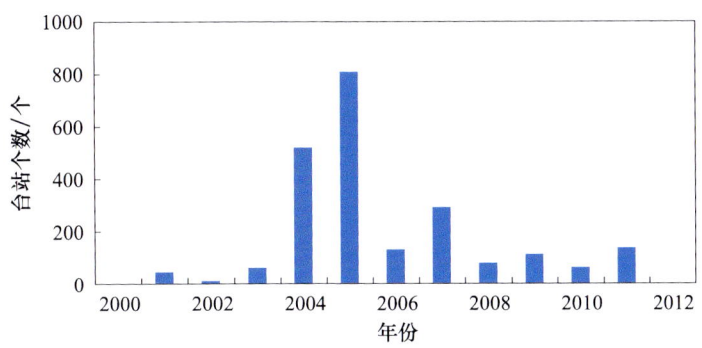

图 5.2　2000—2012 年逐年自动站业务化的气象站数

5.2　均一检验与订正方法

近几十年来,国际上已经发展了很多较为成熟的序列非均一断点检测和订正的方法。Reeves 等(2007)对二相回归(TPR)、威尔科克森非参数检验、标准正态检验(SNHT)等多种断点检测和订正的统计方法进行了比较评估,结果表明:不使用参考序列,TPR 和贝叶斯方法是大多数气候序列均一化的最佳选择;而使用参考序列成功去掉周期性和趋势时,SNHT 效果最好。加拿大环境部对 TPR 等应用效果较好的统计方法引入惩罚因子,发展了一个 RHtests 序列均一性检验系统(Wang,2008;Wang et al.,2010),使得误报率和检验能力在序列两端差的问题得到了改善。这个系统包含 2 种检验方法:基于惩罚最大 F 检验(PMFT)和惩罚最大 T 检验(PMTred),可用于年、月、日序列的均一性检验,其中 PMFT 方法是绝对方法,不需要参考序列;PMTred 是相对方法,需要使用参考序列。本章主要采用 PMTred 和 PMFT 方法来检验断点,结合元数据信息及气候合理性分析来确定断点。保留有元数据支持的断点和 PMTred、PMFT 2 种方法在年、月序列上都能检测到的不明原因的断点。对保留的断点,采用均值订正法进行订正。

5.2.1　参考序列构建

我国的自动观测系统业务化始于 2000 年,但主要集中在 2004—2007

年,这就使得相邻地区的台站可能在同一时间发生仪器换型(图5.3)。观测系统的同期调整,使序列同时受到影响,就可能导致 PMTred 方法无法检测这类断点。因此,构建参考序列之前,对待选参考站的均一性进行检验是非常有必要的。

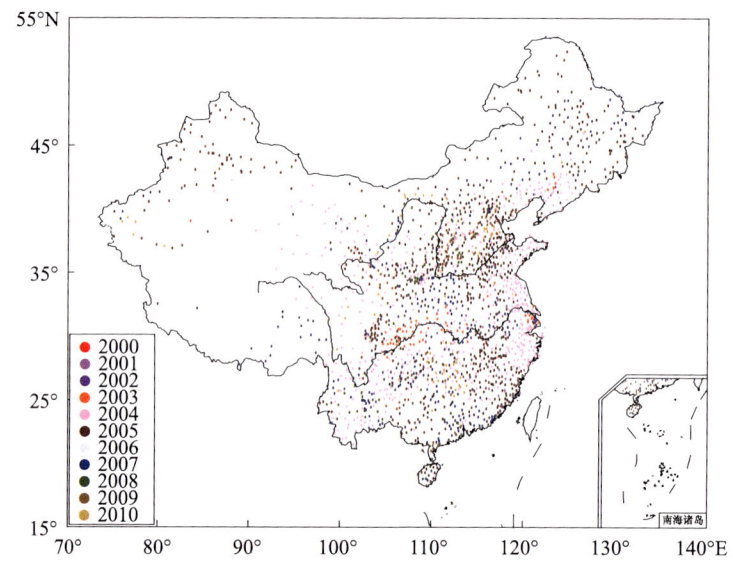

图 5.3 国家级地面气象站自动化年份的空间分布(台湾省资料暂缺)

PMFT 方法适用于不带参考站的均一性检验,通常可以用来检验参考序列的非均一性。因此,第一步使用 PMFT 方法对 2413 个气象站的年和月相对湿度序列在 95% 的信度上进行非均一性检验,然后结合元数据和气候合理性分析对序列的非均一进行判断;第二步,用第一步确认均一的台站构建参考序列,对其他气象站进行 PMTred 检验。通过这 2 个步骤得到的均一气象站成为备选参考气象站,构成参考气象站库,用于其他气象站的非均一性检验。

参考序列必须具备气候代表性,因此,要求参考气象站与待检气象站距离和海拔高度符合下列 2 个条件:①与待检气象站的水平距离在 350 km 以内;②当待检气象站海拔高度在 2500 m 以内时,与待检气象站的高度差要小于或等于 200 m;当待检气象站海拔高度在 2500 m 及以上时,与待检气象站的高度差应小于或等于 500 m。

应用单站检验均一的气象站资料序列,结合序列长度,选取与区域平均相对湿度相关最大的若干个(不超过 3 个)气象站资料,采用相关系数权重平均构建参考序列,具体公式如下:

$$\bar{y}_i = \frac{\sum_{j=1}^{n} \rho_j^2 \times y_{ji}}{\sum_{j=1}^{n} \rho_j^2}$$

式中,下标 i 表示第 i 时刻,j 表示第 j 个参考气象站,ρ 表示参考气象站与区域平均年相对湿度的相关系数,y 为参考气象站相对湿度,$\bar{y}$ 为参考序列的相对湿度。对于按照上述原则找不到参考序列的气象站,则采用单站检查的方法进行均一性检验和订正。

5.2.2 结果分析

结合 PMTred 和 PMFT 方法,并以相关系数权重法构建参考序列,对 1951—2014 年中国 2413 个气象站的月平均相对湿度人工观测数据和自动观测数据的合并序列进行了非均一性检验与订正。经检验,有 1196 个气象站人工观测和自动观测的合并序列存在非均一性,占总气象站数的 49.6%。图 5.4 给出了非均一气象站订正量的空间分布和频率分布。订正量指的是订正后与订正前月平均相对湿度的差值,将订正值小于 0 的称为负订正,订正值大于 0 的称为正订正。从空间分布图来看,绝大部分的气象站订正量为负值即负订正,大部分气象站的订正量在[−5%,0%),还有一部分气象站的订正量在[−10%,−5%),这些气象站主要分布在江淮地区、长江流域和青藏高原;只有极个别站表现为正订正,这些站集中分布在辽宁南部。由订正量的频率分布图可以看出订正值的范围在[−18%,8%),订正值主要分布在[−5%,0%)。月平均相对湿度序列的订正值的百分比分布基本呈单峰值分布,负订正值的比例明显高于正订正值的比例。这与大部分气象站自动观测值较人工观测值偏低的结论一致。

为了分析均一化前后 1196 个气象站相对湿度序列 1951—2014 年的趋势变化,统计了订正前后不同趋势的气象站点数(表 5.1)。订正前,1050 个气象站表现为负趋势,占总气象站数的 87.8%,趋势在[−1,0)%·10a^{-1}的气象站数达到了 767 个;其余 12.2% 的气象站为正趋势,并且趋势在[0,1)%·10a^{-1}的气象站数最多,占正趋势气象站总数的 92%。订正后,负趋势的气象站数出现了显著下降,由 1050 个减少到 671 个,趋势在[−2,−1)%·10a^{-1}的气象站数减少了 230 个;正趋势的气象站数增加到 525 个,趋势在[0,1)%·10a^{-1}的气象站数增加最多,达到 651 个。

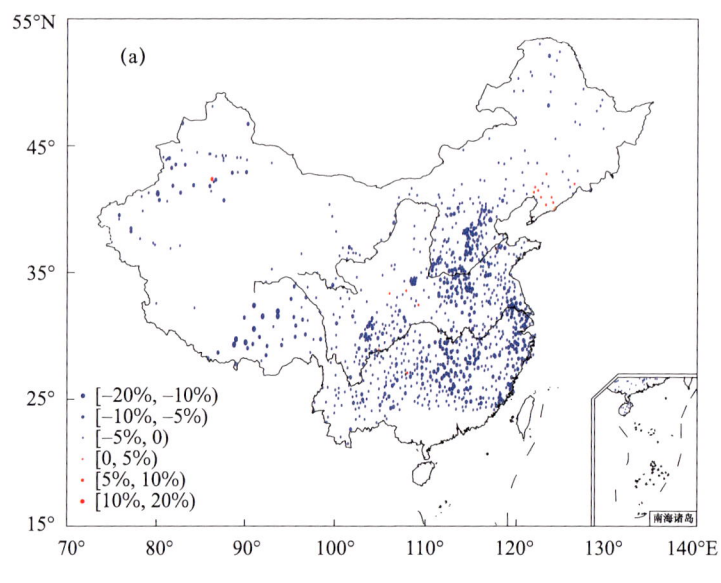

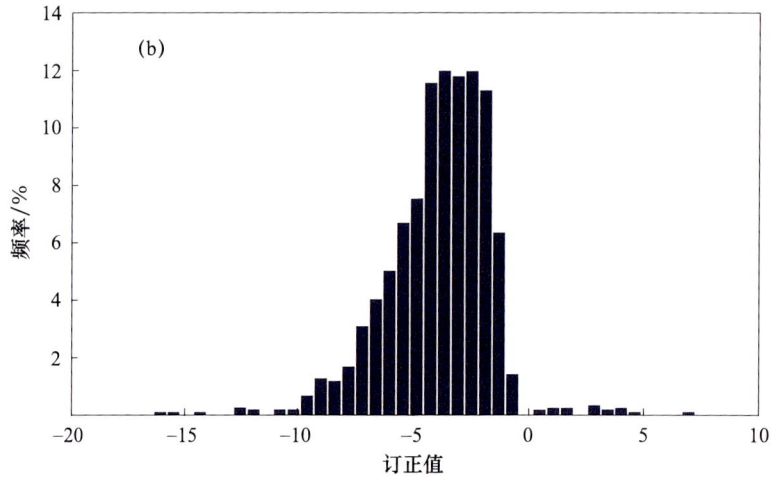

图 5.4　1196 个非均一气象站订正量的空间分布(a)和频率分布(b)

表 5.1 订正前后不同趋势的气象站数(个)

趋势/%·10a^{-1}	<-2	[-2,-1)	[-1,0)	[0,1)	[1,2)	≥2
订正前	34	249	767	136	9	1
订正后	1	19	651	492	22	11

同时,对订正前后相对湿度趋势变化的区域特征进行了分析。图5.5给出了1196个气象站1951—2014年订正前后相对湿度趋势的空间分布。由图可知,订正后,长江流域、青藏高原和四川西部地区相对湿度的变化趋势发生了显著变化。长江流域订正前表现为大面积的负趋势,订正后相对湿度增加的气象站明显增多。青藏高原和四川西部地区订正前大部分气象站相对湿度减少,订正后大部分气象站相对湿度增加。其次,订正后华东区域一些气象站的下降趋势减弱,华北地区相对湿度增加的气象站数也有所上升。

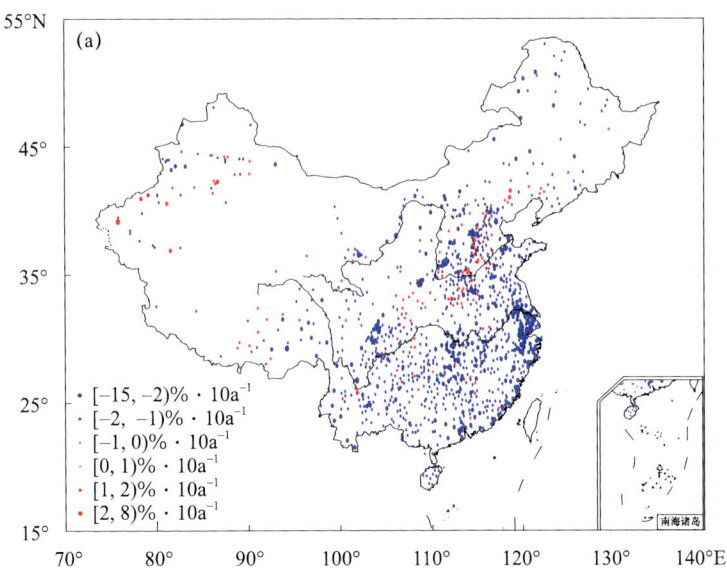

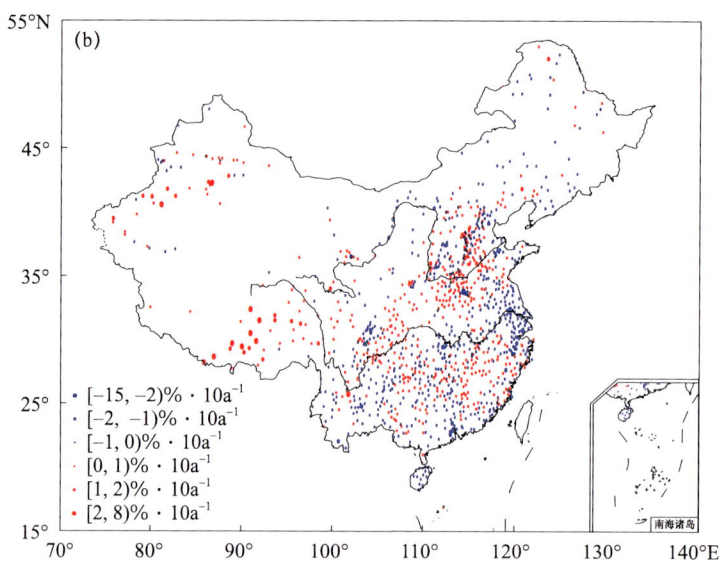

图 5.5 1951—2014 年 1196 个国家级地面气象站订正前(a)、后(b)年相对湿度趋势(台湾省资料暂缺)

特别地,选取几个在不同时间实现自动观测业务化的相邻气象站相对湿度的变化来初步讨论人工观测转自动观测对相对湿度序列非均一性的影响。这几个气象站分别是湖南靖州站、通道站、城步站和广西资源站,它们分别在 2009 年、2004 年、2010 年和 2007 年实现自动观测业务化。图 5.6 给出了靖州等气象站订正前后的相对湿度年序列。由图可知,这 4 个气象站的相对湿度分别在 2009 年、2004 年、2010 年和 2007 年出现急剧下降,与人工观测转自动观测的时间吻合。这些地理位置相邻、海拔高度相近的气象站相对湿度序列对应着人工观测转自动观测在不同时间产生的急剧变

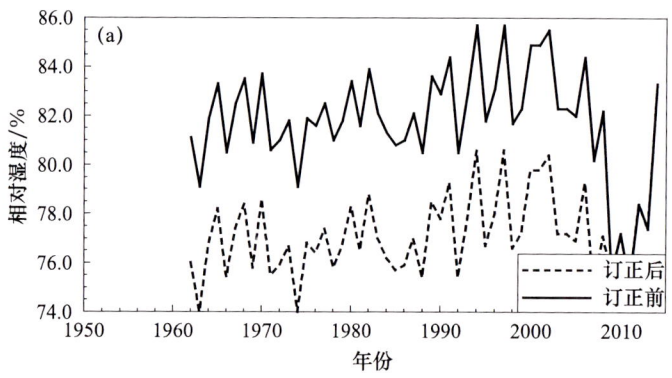

干,说明人工观测转自动观测对相对湿度资料非均一性的重要影响。

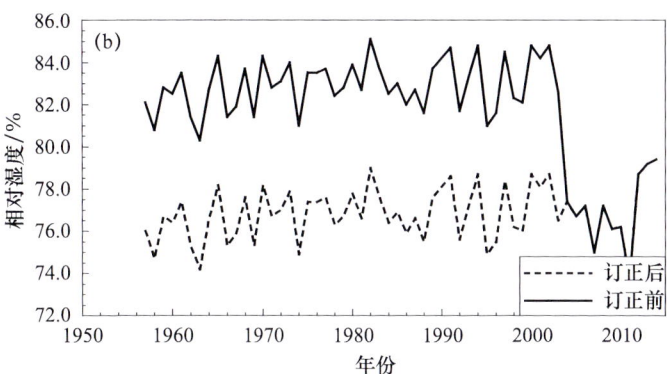

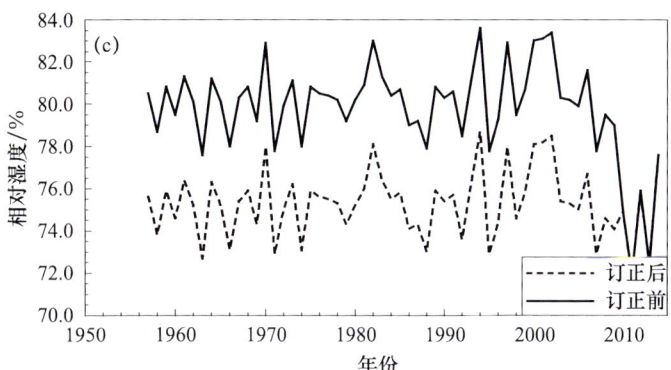

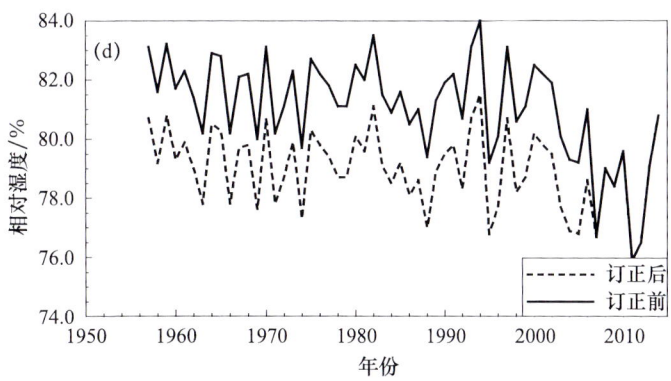

图 5.6 靖州站(a)、通道站(b)、城步站(c)、资源站(d)订正前后的年相对湿度

5.2.3 小结

利用中国国家级地面气象站详细的人工观测转自动观测信息,结合PMTred方法,并采用相关系数权重法构建参考序列,对人工观测和自动观测合并数据的均一性进行了检验。结果表明1196个气象站人工观测和自动观测的合并序列存在非均一性,占总气象站数的49.6%,说明自动观测对相对湿度序列的连续性有严重影响。从订正量来看,月平均相对湿度序列的订正值的百分比分布基本呈单峰值分布,负订正值的比例明显高于正订正值的比例,并且订正量主要集中在[−5%,0%)。订正前后相对湿度趋势也发生了显著变化。订正前,1050个气象站表现为负趋势,占总气象站数的87.8%,其余12.2%的气象站为正趋势。订正后,负趋势的气象站数出现了显著下降,由1050个减少到671个,正趋势的气象气象站数增加到525个。

5.3 平行观测资料在序列均一化分析的应用

地面气象观测是实现天气预报和气候分析的数据基础和检验气象预报的重要标准。近百年来,人工气象观测作为地面气象观测的主要手段,提供了长时期的气象观测记录。2000年起,中国气象局在全国逐步推行大气探测自动化业务,全面提升了我国地面气象观测站网的时空密度,提高了观测数据的精准度和连续性。目前,全国2400多个国家级地面气象站全部实现了气温、湿度、气压、风速、雨量等气象要素人工观测向自动观测的转变。世界气象组织和气候委员会明确要求各成员在进行大气探测自动化进程中,需要一定时间的平行观测,在气候资料存档和管理原则不变的情况下,对观测资料进行质量评估,以确保历史资料的均一性。按照规定,我国的国家一般气象站进行了2年自动观测与人工平行观测,全国143个国家基准气候站自开始自动观测至2011年底,在24次自动观测的同时保留24次人工观测。

观测自动化以后,很多学者利用平行观测资料开展了人工观测与自动观测资料差异的分析和评估,造成两者差异的主要原因有观测原理、采样算法、观测时间等的变化。赵煜飞等(2011)指出,气温、气压自动观测与人工观测存在显著差异气象站数的比例不到3%,而相对湿度显著性差异气象站数比例接近80%。以相对湿度为例,探讨了平行观测资料在自动观测与人工观测资料误差订正中的作用以及存在的问题,并从如何取得更好的订正效果视角提出了初步建议。

5.3.1 观测自动化对中国地面相对湿度序列均一性的影响

基于加拿大环境部气候研究中心的气候序列均一性检验方法,构建了具有气候代表性的均一参考序列,开展了中国2413个国家级地面气象站相对湿度资料均一性检测。结合元数据信息和气候合理性分析表明:人工观测转自动观测造成了1196个气象站相对湿度序列的非均一,占总气象站数的49.6%。图5.7a给出了订正前后中国地区平均的相对湿度序列,可以看到在2004年原始相对湿度出现了一个明显的下跳,对应着2004年大规模的气象站观测自动化,而订正以后这个跳跃点消失;20世纪70年代观测自动化也使得加拿大全国平均的相对湿度出现了明显下跳(图5.7b)。

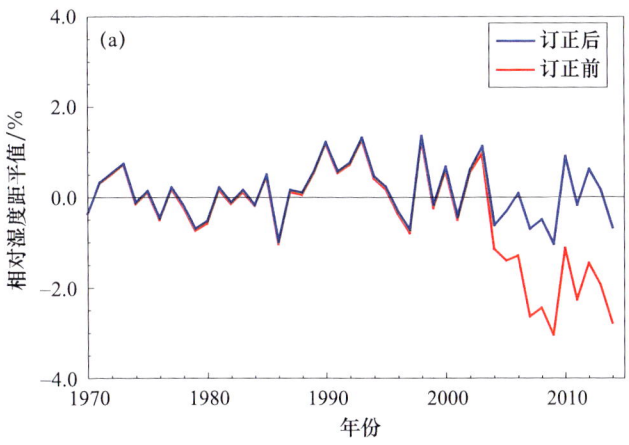

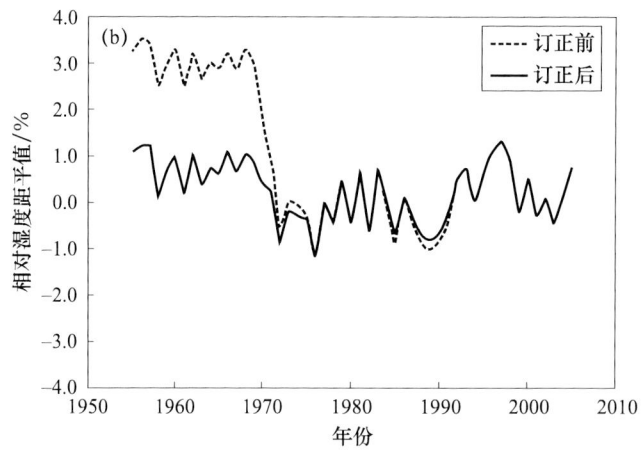

图5.7 订正前后中国(a)和加拿大(b)全国平均的相对湿度序列

如何证明这种大面积同时期的相对湿度下跳是人为因素而不是气候变化造成的呢?除了气候合理性分析和可靠的元数据信息以外,平行观测资料是更直观、更有说服力的证据。本节比较了人工观测值到自动观测值的订正量和差值的频率分布。均一化的订正量与日平均观测资料自动观测与人工观测差值的频率分布(图5.8)相似,二者在[-5%,0]区间差值的频率达到70%左右,这说明对自动观测与人工观测的误差订正符合自动观测与人工观测对比差值特征。

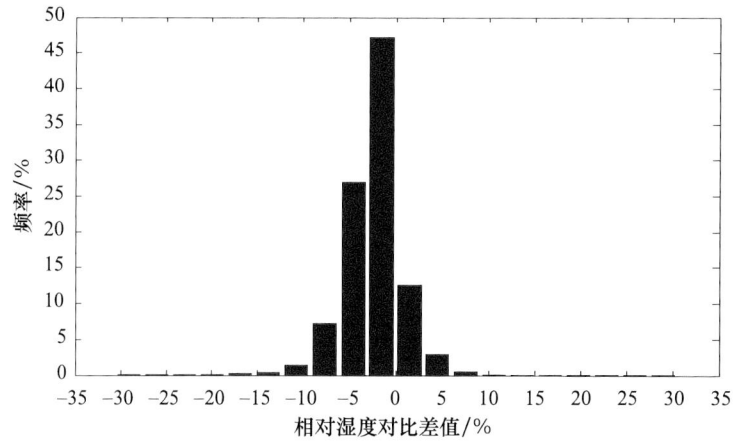

图5.8 日平均平行观测资料自动观测与人工观测差值的频率分布

进一步地,以酉阳站为例,评估均一化效果。酉阳站在 2003 年 1 月—2012 年 3 月开展自动观测和人工平行观测,其中 2003 年以人工观测为正式记录,2004—2011 年以自动观测为正式记录。图 5.9 给出了 1951—2011 年酉阳站的人工观测资料、自动观测资料以及订正后的相对湿度。由图可见,2004 年以来酉阳站以自动观测值为正式记录,但在 2005 年相对湿度出现了一个明显下跳,而人工观测记录趋势没有发生改变,说明 2005 年的下跳确实是由仪器换型导致;订正后的序列趋势与人工观测趋势一致,证明订正后的结果是可信的。

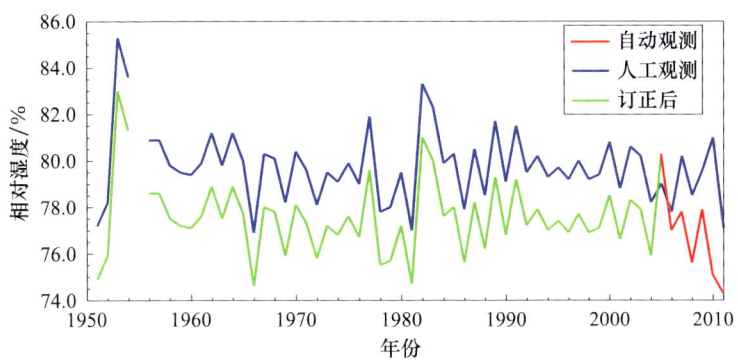

图 5.9 1951—2011 年酉阳站的人工观测资料、自动观测资料和订正后的相对湿度

5.3.2 平行观测资料准确性对自动观测和人工观测差异评估和订正结果的影响

为了定量地评估相对湿度人工观测和自动观测的差异,计算了人工观测值与自动观测值对比差值的平均偏差、差值标准差等。在对比分析时,主要用到了平均偏差(Bias)、差值标准差(Std_{Bias}),计算公式如下:

$$\text{Bias} = \frac{1}{N} \sum_{i=1}^{N} (X_{\text{man}i} - X_{\text{aws}i})$$

$$\text{Std}_{\text{Bias}} = \sqrt{\frac{1}{N} \sum_{i=1}^{N} ((X_{\text{man}i} - X_{\text{aws}i}) - \text{Bias})^2}$$

式中,N 为样本数,X_{man} 在对比评估时为人工观测相对湿度,X_{aws} 为平行观

测的自动观测相对湿度。采用 t 统计量对相关计算进行显著性检验,本节所涉及的对比差值均为人工观测减去自动观测数据。

图 5.10 为 2007—2014 年间 8 个气象站相对湿度的对比差值和差值标准差,由图中可知,8 个气象站的多年差值平均值均大于 0,说明自动观测相对湿度普遍偏干,对比差值均不大,除阿勒泰站外,其余 7 个气象站的差值平均值均处于 4% 以内;各个气象站的差值标准差基本在 3.5% 附近,最大的 4.5%,最小的 2.8%,均比较小,说明人工观测和自动观测相对湿度的对比差值多年平均的稳定性比较好。

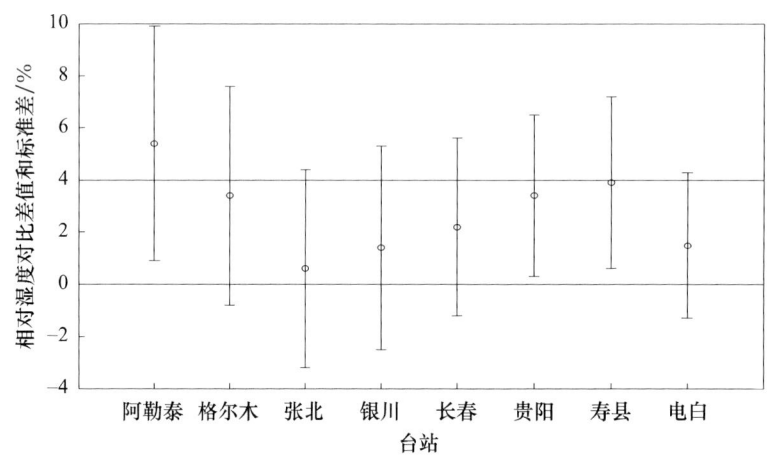

图 5.10 多年平均相对湿度人工观测与自动观测的对比差值和差值标准差

图 5.11 为各个气象站 2007—2014 年的相对湿度月对比差值曲线,由图可知,除了阿勒泰站的对比差值在大多数月份均偏大以外,其他各气象站的对比差值在各个月份均在 5% 以内,阿勒泰站 7 月达到最大 6.57%;各气象站的对比差值季节变化均较平缓,相比较而言,偏南方的几个气象站更平缓一些,除张北站 3—5 月、银川站 1 月对比差值为负外,其他气象站各个月份其对比差值均为正值,说明与人工观测相比,自动站观测偏干,两者之间存在一定的对比差值偏差。大多数气象站在气温、湿度较高的季节人工观测与自动观测的对比差值偏大,这与相对湿度的自动观测易受周边大气环境的影响有关。

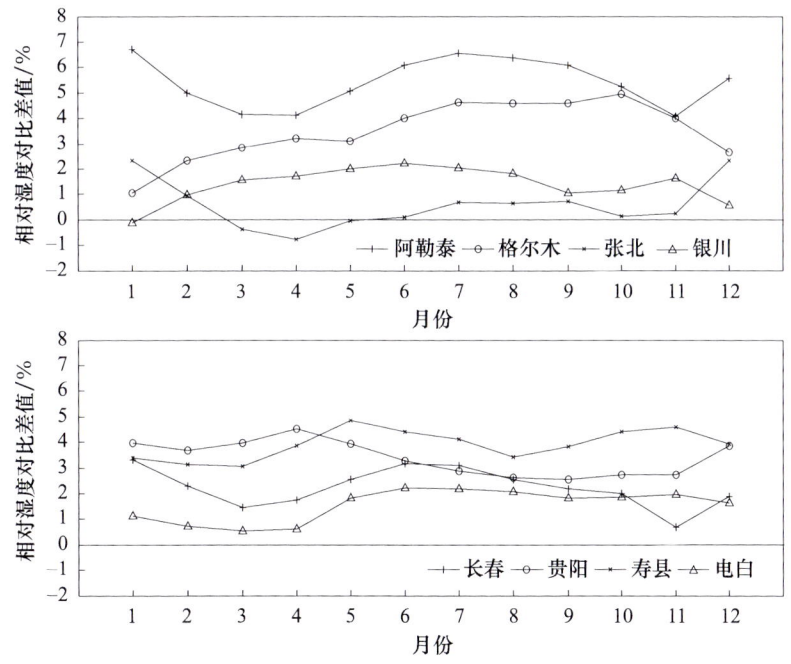

图 5.11 相对湿度对比差值的季节变化

为了进一步了解人工观测和自动观测相对湿度对比差值(人工－自动)在小时尺度上的特征,分析了阿勒泰等站 2007—2014 年定时值对比差值频率分布(图 5.12)。由图可见,与年平均、月平均和日平均对比差值不同,在定时值上,虽然人工观测值"偏湿"仍占据优势,8 个气象站的第一频率大多为[0,5%],但[-5%,0]的频率上升明显,8 个气象站基本都在 10%以上,3 个气象站达到或者接近 30%,说明人工观测"偏干"的情况在定时值上出现的频率增加了。

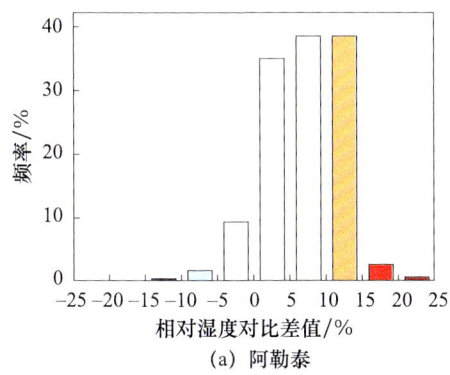
(a) 阿勒泰

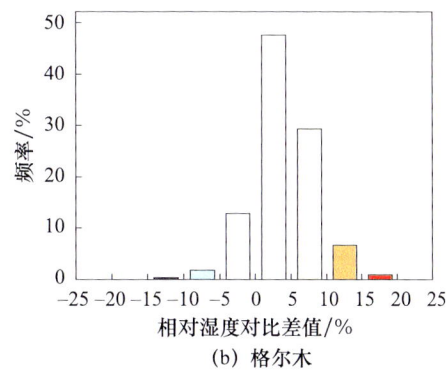
(b) 格尔木

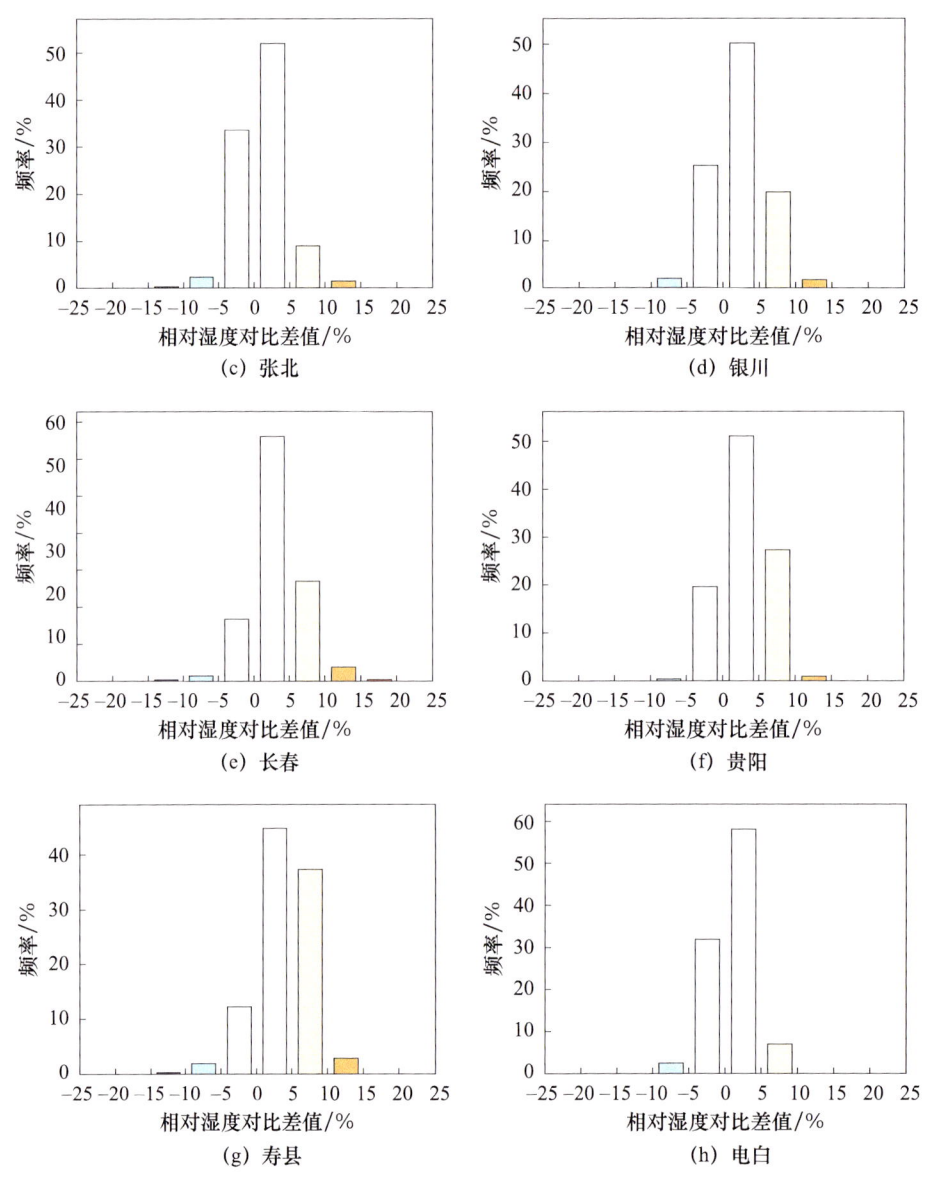

图 5.12 2007—2014 年 8 站定时值对比差值频率分布

图 5.13 给出了阿勒泰等台站 2007—2014 年定时值对比差值序列。由图可见,人工观测和自动观测对比差值在小时值上表现出比较大的波动,虽然大部分台站"偏干"出现频率偏高,但也有不少时间表现为"偏湿",且对比差值波动范围大,有的对比差值甚至在 30% 以上。阿勒泰站以负对比差值为主,对比差值波动幅度最大,大部分负对比差值超过了 10%;电白站人工观测和自动观测对比差值波动最小,基本在 10% 以内,但在 2011 年末由负

对比差值转为正对比差值。除了电白站,贵阳站和寿县站的对比差值也出现了年际变化,在 2013 年前以负对比差值为主,2013—2014 年以正对比差值为主。

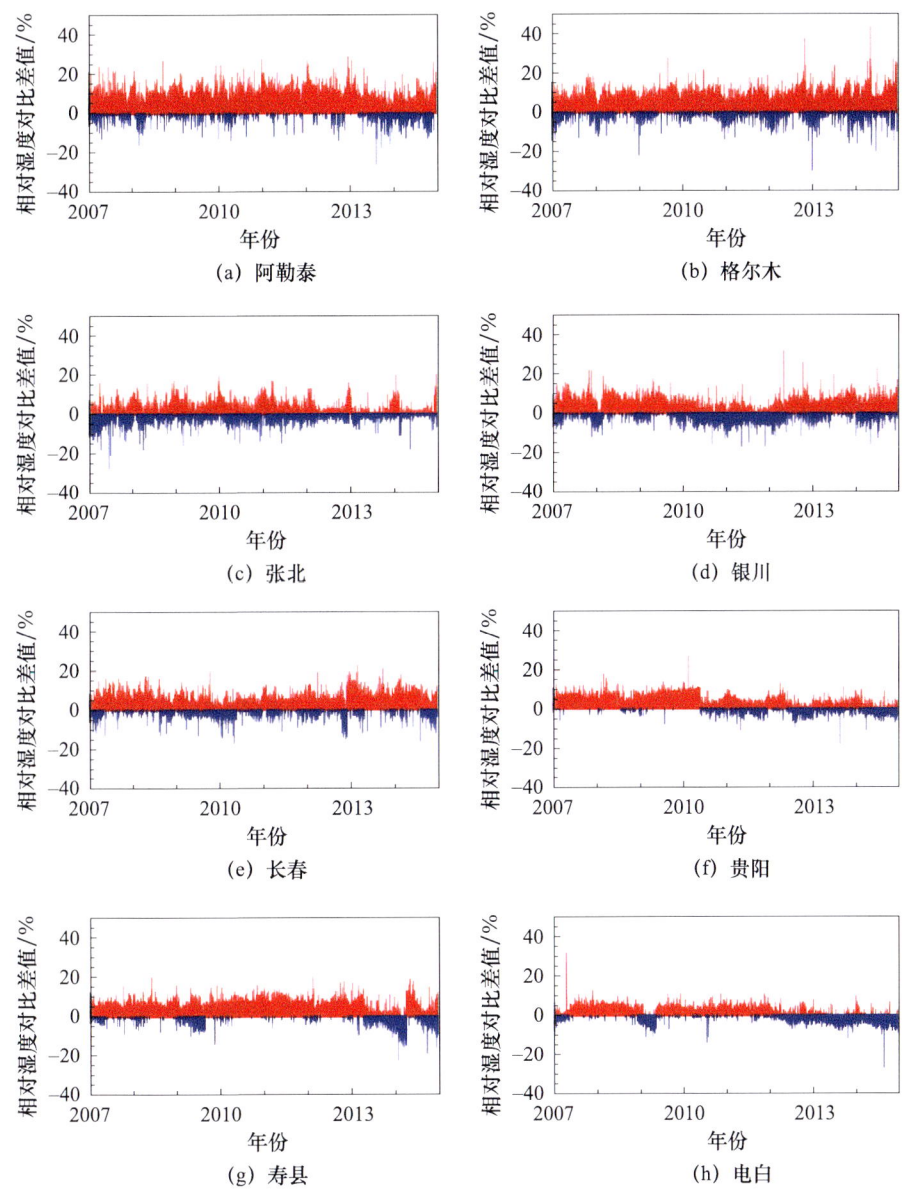

图 5.13　2007—2014 年 8 站定时值对比差值序列

为了进一步分析贵阳站、寿县站和电白站人工观测和自动观测对比差值出现反转的原因,给出了 3 个气象站人工观测值和自动观测值 2007—

2014年的距平序列(图5.14)。由图可见,人工观测值变化比较平稳,但自动观测值波动较大,对应着人工观测和自动观测对比差值正负值的转变,自动观测值都出现了相应的升高或者下降。比如,电白站2012年以来人工观测和自动观测对比差值由正变为负,对应着自动观测值的升高,人工观测值保持平稳。这说明相对应于人工观测值而言,自动观测仪器敏感性更高,具有更大的不稳定性。

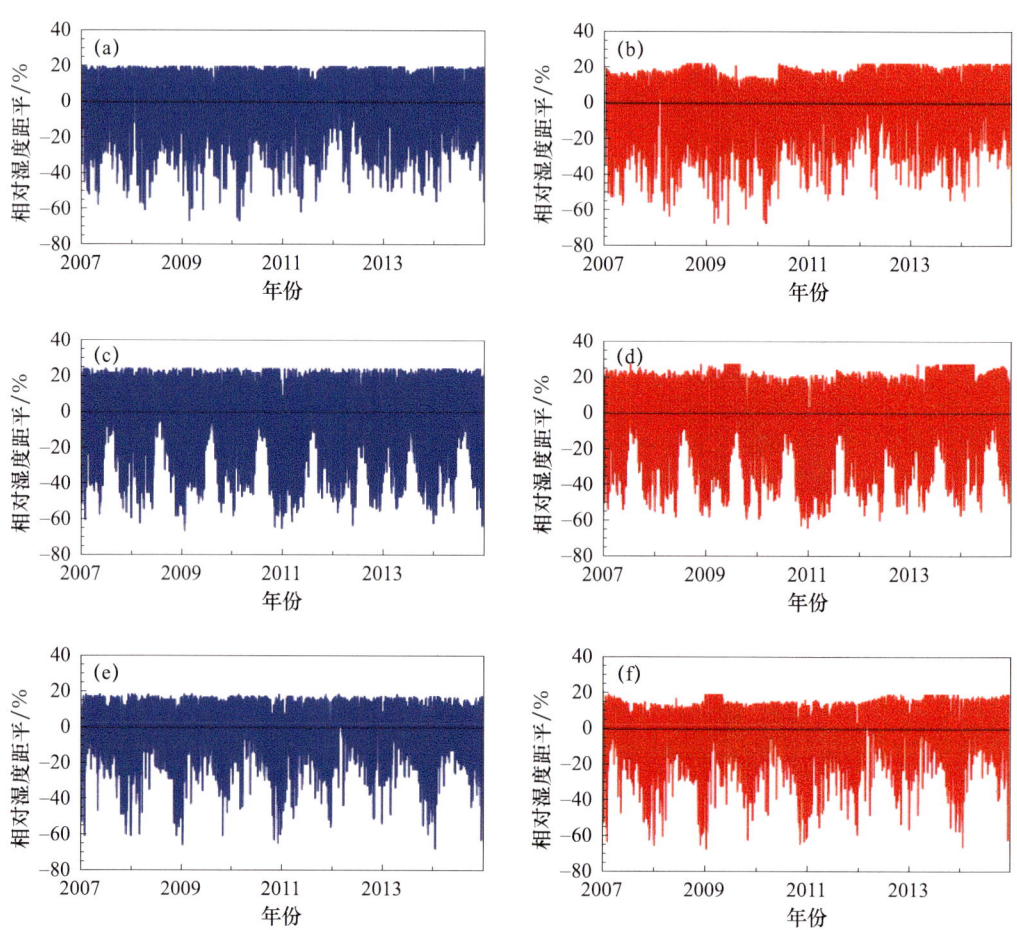

图5.14　贵阳站(a、b)寿县站(c、d)和电白站(e、f)人工观测(蓝线)
及自动观测(红线)相对湿度定时值距平序列

5.3.3　不同观测时次对评估结果的影响

利用国家气象信息中心研制的"中国地面自动站与人工平行观测数据

集",统计了816个气象站平行观测期和平行观测时次(图5.15)。图例中的第1位数字代表平行期,剩下的1~2位数字代表平行观测时次。由图可见,大部分气象站平行观测期为2年4次观测,其次是2年24次观测,还有一部分气象站是3年4次或者24次观测,少部分气象站只有1年平行观测期。那么,不同平行观测期的人工观测和自动观测对比差值会有差别吗?

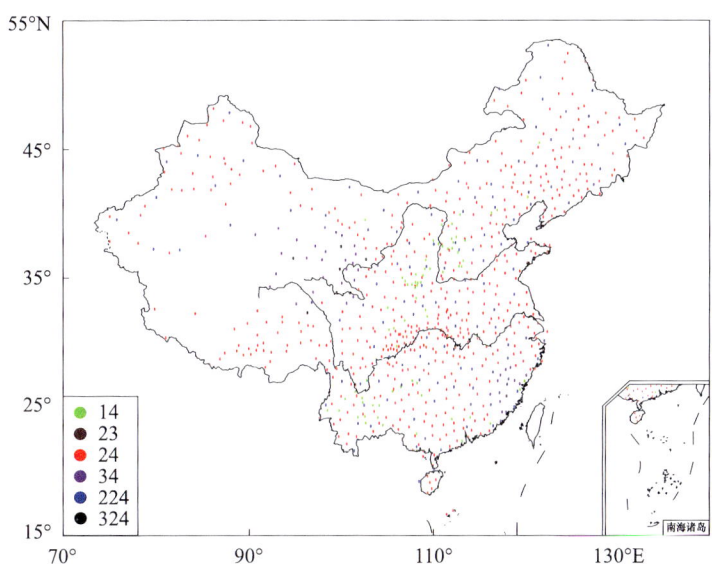

图 5.15　816个气象站平行观测期和平行观测时次(台湾省资料暂缺)

根据平行观测期和平行观测时次的特点,比较了阿勒泰等8个气象站2年4次、3年4次、5年4次、2年24次、3年24次和5年24次观测情况下2007—2011年人工观测和自动观测值的平均偏差(表5.2)和绝对偏差(表5.3)。同为4次观测下,不同平行期计算的平均偏差存在一定差异,比如张北站2年平行期,人工观测值低于自动观测值,但3年和5年平行观测期人工观测值高于自动观测值。24次观测情况下,不同平行期的平均偏差也存在差异。在相同平行观测期下,4次观测和24次观测的平行观测下平均偏差基本一致。说明评估结果对平行期敏感,对4次观测还是24次观测不敏感。绝对偏差无论在不同平行观测期还是不同观测时次下,差值都比较小。

表 5.2　不同平行观测方案人工观测值和自动观测值的平均偏差(%)

站号	2年4次	3年4次	5年4次	2年24次	3年24次	5年24次
51076	4.22	4.66	5.1	4.43	4.86	5.33
52818	3	3.37	3.39	3.16	3.55	3.5
53399	−0.27	0.36	0.62	−0.23	0.39	0.63
53614	2.9	2.93	1.41	2.86	2.88	1.35
54161	3.17	2.65	2.29	3.02	2.5	2.15
57816	4.22	4.67	3.77	4.24	4.7	3.79
58215	3.8	3.27	4.16	3.74	3.23	4.09
59664	2.58	1.77	1.88	2.55	1.75	1.87

表 5.3　不同平行观测方案人工观测值和自动观测值的绝对偏差(%)

站号	2年4次	3年4次	5年4次	2年24次	3年24次	5年24次
51076	4.93	5.27	5.63	5.03	5.36	5.75
52818	4.03	4.23	4.24	4.11	4.32	4.28
53399	3.02	3.01	2.91	3.06	3.01	2.91
53614	3.9	3.76	3.27	3.82	3.69	3.24
54161	3.75	3.42	3.17	3.59	3.26	3.04
57816	4.28	4.73	4.09	4.29	4.75	4.1
58215	4	3.93	4.58	3.92	3.82	4.48
59664	2.95	2.94	2.63	2.93	2.94	2.63

5.3.4 小结

根据上述分析结果,对平行观测资料可能存在的问题和初步建议如下:

(1)在小时尺度上,人工观测和自动观测对比差值波动较大,有些对比差值超过20%,这种情况很有可能是某种观测出现了问题,需要加强人工操作规范和自动观测仪器的标定;

(2)在小时尺度上,电白等3个气象站出现了明显的年际变化,皆对应着自动观测值的系统性的升高或者下降,可能是由于自动观测仪器发生了变化或者仪器未进行及时标定,需进一步核实元数据信息;

(3)不同平行期不同观测时次下自动观测值和人工观测值的平均偏差有所不同,但差异值在观测误差允许范围(2%)内;在相同平行观测期,不同观测时次下,偏差几乎一致,因此,认为2年的平行期内进行4次观测较为合理。

参考文献

范引琪,李二杰,范增禄,2005. 河北省1960—2002年城市大气能见度的变化趋势[J]. 大气科学,29(4):526-535.

张利,吴涧,张武,2011. 1955—2000年中国能见度变化趋势分析[J]. 兰州大学学报(自然科学版),47(6):46-55.

赵煜飞,任芝花,张强,2011. 适用于全国气象自动站正点相对湿度资料的质量控制方法[J]. 气象科学,31(6):687-693.

中国气象局,2003. 地面气象观测规范[M]. 北京:气象出版社.

中国气象局,2020. 地面气象自动观测规范[M]. 北京:气象出版社.

REEVES J,CHEN J,WANG X L,et al,2007. A review and comparison of change-point detection techniques for climate data[J]. Journal of Applied Meteorology and Climatology,46(6):900-915.

WANG X L,2008. Accounting for autocorrelation in detecting mean shifts in climate data series using the penalized maximal t or F Test[J]. Journal of Applied Meteorology Climatology,47:2423-2444.

WANG X L,FENG Y,2010. RHtestsV3 User Manual[Z]. Climate Research Division,Atmospheric Science and Technology Directorate,Science and Technology Branch,Environment Canada.